MEN'S KNIT
SELECTION

"MEN'S KNIT SELECTION : M · L · LL SIZE DE AMERU" (NV80685)
by NIHON VOGUE Corp.

First published in Japan in 2021 by NIHON VOGUE Corp.
Photographer: Noriaki Moriya, Yukari Shirai
This Korean edition is published by arrangement with NIHON VOGUE Corp., Tokyo
in care of Tuttle-Mori Agency, Inc., Tokyo, through Botong Agency, Seoul.

M·L·XL 사이즈로 뜨는

남자 니트 셀렉션

일본보그사 지음 | 김진아 옮김

WILLSTYLE

CONTENTS

● 이 책에 실린 작품을 뜨는 법은 소품을 제외하고 모두 M, L, XL로 사이즈 표기가 되어 있습니다. 작품은 주로 M 사이즈로 제작되어 있으며 L, XL 사이즈에서의 실 분량은 대략적인 양에 해당합니다.
또한 제작할 때 아래의 표(신체 치수)를 참고로 제작했지만, 작품별 디자인에 따라 품, 길이, 여유분을 넣는 방법에서 차이가 납니다. 만드는 법 페이지에 실린 작품의 사이즈(완성된 크기)를 확인하여, 가지고 있는 스웨터 등의 사이즈와 비교해 보는 것이 좋습니다.

	신장	가슴둘레	몸통둘레
M	160～170cm	84～92cm	72～80cm
L	170～180cm	90～98cm	78～88cm
XL	175～185cm	96～104cm	86～96cm

NO. 1

ARAN SWEATER

How to make » p.37

design
오오모리 사유미
making
나카무라 미에코
yarn
하마나카
맨즈 클럽 마스터

세로 라인 아란 스웨터

한 벌은 꼭 갖고 싶은 아란 무늬 스웨터.
고무뜨기에서 이어지는 케이블이 세로 라인을 강조하여 날씬한 느낌을 줍니다.

NO. 2

CREW NECK VEST

How to make » p.40

design
카마타 에미코

making
니트 공방 야마구치

yarn
하마나카
맨즈 클럽 마스터

케이블 무늬 크루넥 베스트

언밸런스한 디자인이 인상적입니다.
오른쪽 어깨에서 직선으로 들어간 케이블 무늬가 악센트를 줍니다.

NO. 3

FRONT OPENING VEST

How to make » p.42

design
야마모토 타마에

making
사토 세이

yarn
하마나카
맨즈 클럽 마스터

앞여밈 심플 베스트

시대를 불문하고 늘 인기가 많은 심플한 베스트.
메리야스뜨기로 도드라지게 보이는 굵직한 케이블 무늬를 넣었답니다.

NO. 4

STRIPED CAP

How to make » p.44

design
카사마 아야

yarn
하마나카
아란 트위드

스트라이프 모자

4분할로 배치한 독특한 가로 줄무늬가 매력적인 모자.
거친 마디가 드러나는 트위드 실로 악센트를 줬어요.

NO. 5

FISHERMAN'S SWEATER

How to make » p.45

design
오카모토 마키코

yarn
하마나카
맨즈 클럽 마스터

피셔맨즈 스웨터

밧줄 형태의 교차 무늬가 특징적인 피셔맨즈 스웨터.
겨울의 단골 아이템으로 옷장 안에 간직하고 싶은 옷이랍니다.

NO. 6

V-NECK VEST

How to make » p.48

design
테이 사치미
making
치바 사토코
yarn
하마나카
아란 트위드

V 넥 케이블 베스트

케이블 무늬의 베스트는 한 벌 갖고 있으면 참 편리한 아이템.
컬러가 섞인 트위드 실이 멋들어집니다.

NO. 7

ARAN SWEATER

How to make » p.51

design
효도 요시코
making
유키에
yarn
하마나카
아란 트위드

래글런 아란 스웨터

어떤 상황에도 잘 어울리는 인기 만점 아란 무늬.
래글런 슬리브라면 어깨 폭 걱정 없이 편하게 입을 수 있습니다.

NO. 8

V-NECK SWEATER

How to make » p.54

design
카와이 마유미

making
이시카와 키미에

yarn
하마나카
맨즈 클럽 마스터

V 넥 스웨터

V 넥의 목둘레와 세로 라인이 들어간 무늬가 전체적으로 깔끔한 인상을 줍니다.
질리지 않는 디자인이라 더 매력적이지요.

NO. 9

ARAN SCARF

How to make » p.60

design
하야시 쿠니코

yarn
하마나카
아란 트위드

아란 머플러

전통 무늬를 가진 머플러는 연령 불문의 인기 아이템.
촉감 좋은 털실 덕분에 가볍고 몽실한 느낌이 가득해요.

NO. 10

ARAN JACKET

How to make » p.58

design
카와이 마유미
making
호리구치 미유키
yarn
하마나카
아란 트위드

아란 재킷

뜨는 재미가 있는 아란 무늬 재킷.
캐주얼부터 트래드한 스타일까지 다양하게 즐길 수 있습니다.

NO. 11

GUERNSEY SWEATER

How to make » p.62

design
료
making
나카다이 치에코
yarn
하마나카
맨즈 클럽 마스터

건지 스웨터

건지 무늬를 세로로 배치하여 늘씬한 느낌을 줍니다.
시크한 그레이시 블루 색으로 품위 있는 분위기가 난답니다.

NO. 12

CABLE JACKET

How to make » p.64

design
효도 요시코
making
유키에
yarn
하마나카
아란 트위드

케이블 무늬 재킷

나란히 늘어선 케이블이 전통적 니트를 스타일리시하게 연출합니다.
너무 두툼하지 않은 실루엣도 참 아름다워요.

NO. 13

CARDIGAN

How to make » p.68

design
카와이 마유미
making
오키타 키미코
yarn
하마나카
아메리 L (극태)

주머니 달린 카디건

굵은 실로 뜬 카디건은 재킷으로 입어도 활용도가 만점입니다.
심플한 무늬 덕분에 무게감도 느껴지지 않아요.

NO. 14

RIBBED CAP

How to make » p.67

design
효도 요시코

making
도바시 미치에

yarn
하마나카
맨즈 클럽 마스터

리브 스티치 모자

2×2코의 고무뜨기와 4×2코의 고무뜨기를 조합하여 뜬 모자.
심플하면서도 멋스러운 디자인이랍니다.

NO. 15

HAND WARMER

How to make » p.77

design
오카모토 마키코

yarn
하마나카
아란 트위드

핸드 워머

케이블 무늬로 뜬 핸드 워머는 데일리 아이템으로 적절합니다.
손끝이 보여서 스마트폰 조작도 편리해요.

NO. 16

TILDEN SWEATER

How to make » p.70

design
카제코보

yarn
하마나카
아메리

틸던 스웨터

목 주변과 아랫단 라인에 악센트가 들어간 틸던 스웨터.
품위 넘치는 캐주얼 스타일로 딱 어울리지요.

NO. 17

TUCK STITCH SWEATER

How to make » p.72

design
요코야마 쥰코

yarn
하마나카
소노모노 알파카 릴리

턱 스티치 스웨터

알파카 털이 들어간 촉감이 좋은 스웨터.
고무뜨기에서 이어지는 무늬가 세로 라인을 또렷하게 강조합니다.

NO. 18

CABLE CARDIGAN

How to make » p.74

design
아이즈 토모히토

yarn
하마나카
소노모노 알파카 울

케이블 카디건

느슨한 연꼬임으로 된 알파카 털실은 매우 따듯하답니다.
앞단에 들어간 비대칭 배색이 인상적입니다.

NO. 19

FRONT OPENING VEST

How to make » p.78

design
카마타 에미코

making
아리가 테이코

yarn
하마나카
아란 트위드

앞여밈 케이블 베스트

트위드 느낌이 멋들어진 앞여밈 베스트입니다.
정통적인 디자인 덕분에 꼭 챙겨두고 싶은 옷이지요.

NO. 20

VEST WITH LINE

How to make » p.80

design
테이 사치미

making
치바 사토코

yarn
하마나카
맨즈 클럽 마스터

라인 베스트

차분한 색조의 라인 베스트는 스포티 캐주얼한 성인용 복장으로 잘 어울리지요.
어떤 상황에서도 폭넓게 활용할 수 있는 옷이에요.

NO. 21

RAGLAN JACKET

How to make » p.82

design
타케다 아츠코

making
아사코

yarn
하마나카
맨즈 클럽 마스터

모스 스티치 래글런 재킷

겉뜨기와 안뜨기를 심플하게 조합해 세련된 재킷을 완성할 수 있어요.
언제든 입을 수 있는 편리한 재킷이랍니다.

NO. 22

ROUND YOKE SWEATER

How to make » p.84

design
효도 요시코
making
Kae
yarn
하마나카
아란 트위드

라운드 요크 스웨터

요크에 배색뜨기를 넣은 심플한 스웨터.
캐주얼 복장에 맞춰 입기 좋은 옷이에요.

NO. 23

ARAN VEST

How to make » p.86

design
키시 무츠코
making
사노 유키코
yarn
하마나카
맨즈 클럽 마스터

V 넥 아란 베스트

비즈니스 복장에도, 캐주얼한 복장에도 활약할 만한 V 넥 베스트.
아란 무늬의 전통적 분위기가 멋집니다.

NO. 24

SIMPLE SWEATER

How to make » p.90

design
카제코보

yarn
하마나카
아란 트위드

심플 스웨터

심플한 세로 무늬의 래글런 스웨터.
뉘앙스가 있는 트위드 실, 그리고 아랫단과 소맷부리에 살짝 들어간 빨간 라인이 세련된 느낌을 줍니다.

NO. 25
RIBBED SCARF

How to make » p.57

design
하마나카 기획

yarn
하마나카
아메리 L (극태)

리브 스티치 머플러

언제든 쓰기 좋은 2코 고무뜨기의 심플한 머플러.
굵은 실로 쑥쑥 뜨기도 쉬워서 뜨개 초보자에게도 딱 좋아요.

NO. 26

FAIR ISLE STYLE VEST

How to make » p.92

design
카제코보

yarn
하마나카
아메리

페어 아일 베스트

페어 아일 니트의 패턴이 강조되어 아름다운 베스트입니다.
한 단에 두 가지 색만 써서 쉽게 뜰 수 있답니다.

NO. 27

ARAN SWEATER

How to make » p.96

design
카제코보

yarn
하마나카
맨즈 클럽 마스터

전통 무늬 아란 스웨터

다이아몬드나 케이블, 벌집무늬 등, 전통적 무늬가 가득 담겨 있습니다.
입기 편한 래글런 슬리브는 무게감이 느껴지지 않지요.

NO. 28

ARGYLE STYLE VEST

How to make » p.94

design
카제코보

yarn
하마나카
맨즈 클럽 마스터

아가일 베스트

재킷 안에 입어도 잘 어울리는 아가일 무늬 베스트.
트래드한 스타일만이 아니라 캐주얼한 스타일로도 잘 어울립니다.

NO. 29

SNOOD

How to make » p.95

design
오카모토 마키코

making
오자와 토모코

yarn
하마나카
아란 트위드

분할 무늬 스누드

세 가지 종류, 세 가지 색 바탕을 패치워크처럼 조합했습니다.
멋스러운 스누드는 스타일링할 때 크게 활약하는 아이템이랍니다.

NO. 30

CABLE SCARF

How to make » p.89

design
카와이 마유미
making
세키야 사치코
yarn
하마나카
아메리 L (극태)

케이블 머플러

힘차게 꼬인 케이블 무늬의 머플러.
어두운 톤의 아웃터를 자주 입는 계절이기에 밝은 색 소품이 포인트를 준답니다.

NO. 31

CABLE CAP

How to make » p.100

design
요코야마 준코

yarn
하마나카
아메리 L (극태)

케이블 모자

케이블 무늬 모자는 어떤 복장에도 잘 어울리는 아이템이랍니다.
선물로도 좋지요.

NO. 32

SHORT SNOOD

How to make » p.101

design
노구치 토모코

yarn
하마나카
아메리 L (극태)

쇼트 스누드

목 주변의 방한에 알맞은 스누드.
굵은 실이어서 두께감도 있고 따듯할 뿐만 아니라 쉽게 뜰 수 있어서 참 좋아요.

이 책에서 사용한 실

1.
맨즈 클럽 마스터
울 60% (방축가공 울 사용), 아크릴 40%
1볼 50g · 약 75m · 28색
대바늘 10~12호

2.
아란 트위드
울 90%, 알파카 10%
1볼 40g · 약 82m · 21색
대바늘 8~10호, 코바늘 8/0호

3.
아메리
울 70% (뉴질랜드 메리노), 아크릴 30%
1볼 40g · 약 110m · 52색
대바늘 6~7호, 코바늘 5/0~6/0호

4.
아메리 L (극태)
울 70% (뉴질랜드 메리노), 아크릴 30%
1볼 40g · 약 50m · 15색
대바늘 13~15호, 코바늘 10/0호

5.
소노모노 알파카 릴리
울 80%, 알파카 20%
1볼 40g · 약 120m · 5색
대바늘 8~10호, 코바늘 8/0호

6.
소노모노 알파카 울
울 60%, 알파카 40%
1볼 40g · 약 60m · 9색
대바늘 10~12호

* 사진은 실물 크기입니다. * 실의 타입은 참고를 위해 표시한 사항입니다. * 실에 대해서는 하마나카 판매처에 문의해 주세요. (hamanaka.co.jp)

NO. 1

세로 라인 아란 스웨터

photo » p.6

준비물

[실] 하마나카 맨즈 클럽 마스터
갈색 (46) 710g = 15볼 (M 사이즈)
L·XL 사이즈 대략적인 양 :
16볼 (L 사이즈), 17볼 (XL 사이즈)

[바늘] 대바늘 9호, 10호

게이지

가로세로 각각 10cm 무늬뜨기 B : 18코×20단,
멍석뜨기 : 15코×20단

완성 사이즈

	가슴둘레	어깨너비	기장	소매길이
M	114cm	47cm	67cm	58cm
L	118cm	48cm	70cm	60cm
XL	124cm	50cm	73cm	62cm

뜨개 포인트

- 몸판은 손가락으로 걸어 시작코를 만들고, 아랫단에서부터 뜨기 시작합니다. 시작코의 1단째는 뒷면에서 시작하는 단이 됩니다. 진동 둘레의 줄임코는 2코 이상은 덮어씌우기, 1코는 끝의 1코를 세우는 줄임코를 합니다. 목둘레는 실이 있는 쪽을 먼저 뜨고, 어깨는 남겨 되돌아뜨기를 하여 쉼코로 합니다. 중앙의 코는 실을 이어 덮어씌우기를 하고, 다음으로 남은 쪽을 뜹니다.
- 소매는 몸판과 같은 방식으로 시작코를 만들어 뜨고, 밑소매는 1코 안쪽에서 돌려뜨기로 코 늘리기를 합니다. 소맷마루(소매산)의 줄임코는 2코 이상은 덮어씌우기, 1코는 끝의 1코를 세우는 줄임코를 하여, 마무리는 덮어씌우기로 합니다.
- 어깨는 겉이 맞닿게 겹쳐둔 채 빼뜨기로 잇고, 겨드랑이와 밑소매는 돗바늘로 꿰맵니다. 목둘레는 코를 주워서 돌려뜨기로 1코 고무뜨기를 한 다음, 마무리는 느슨하게 덮어씌워 코막음을 하고, 안쪽으로 접어 실로 감칩니다.

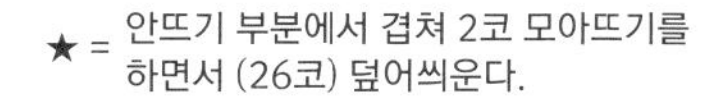

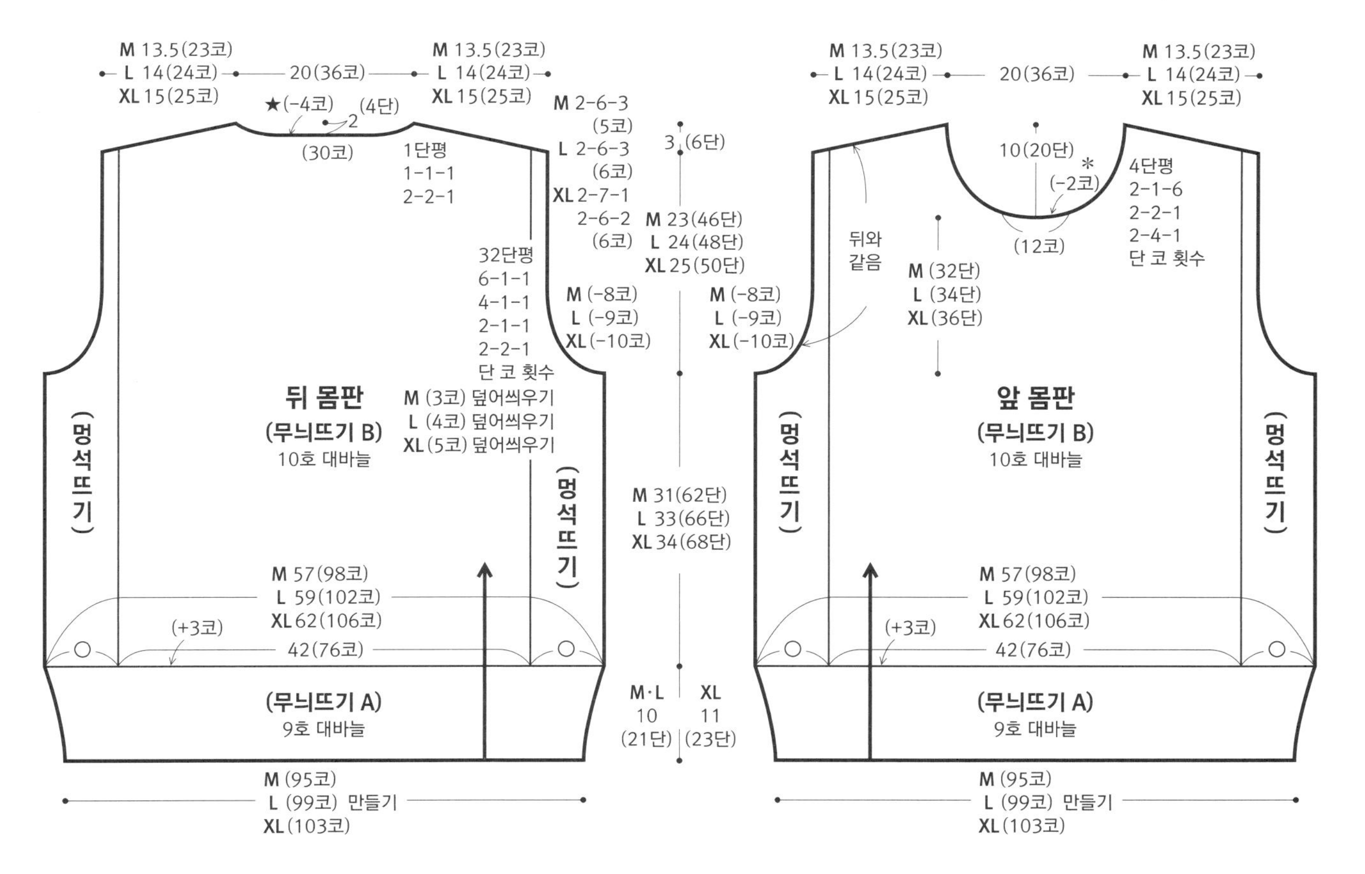

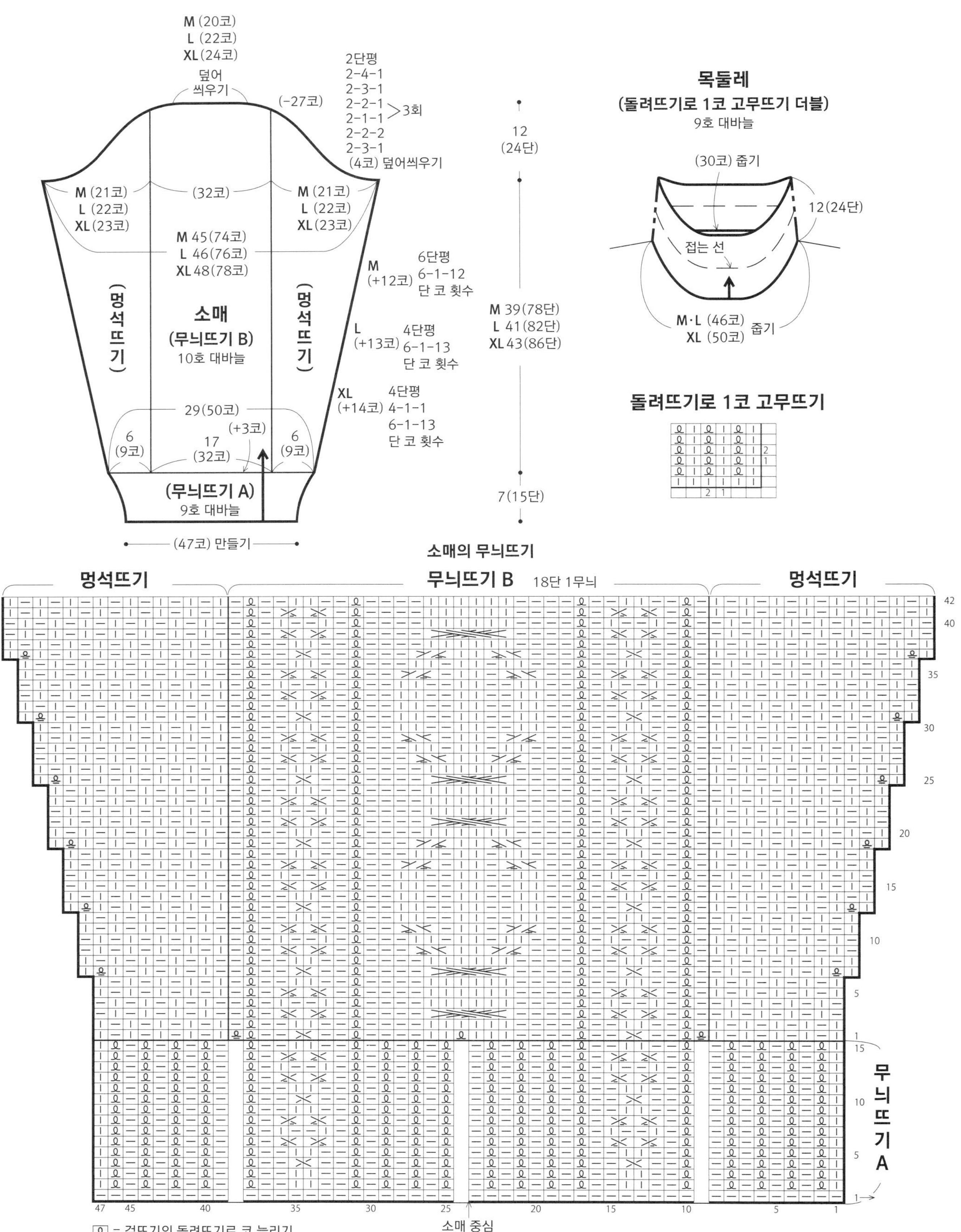

M (20코)
L (22코)
XL (24코)
덮어 씌우기
(-27코)
2단평
2-4-1
2-3-1
2-2-1
2-1-1 >3회
2-2-2
2-3-1
(4코) 덮어씌우기
M (21코)
L (22코)
XL (23코)
(32코)
M (21코)
L (22코)
XL (23코)
M 45(74코)
L 46(76코)
XL 48(78코)
M (+12코)
6단평
6-1-12
단 코 횟수
(멍석뜨기)
소매
(무늬뜨기 B)
10호 대바늘
(멍석뜨기)
L (+13코)
4단평
6-1-13
단 코 횟수
XL (+14코)
4단평
4-1-1
6-1-13
단 코 횟수
29(50코)
6 (9코)
17 (32코)
(+3코)
6 (9코)
(무늬뜨기 A)
9호 대바늘
(47코) 만들기
12 (24단)
M 39(78단)
L 41(82단)
XL 43(86단)
7(15단)
목둘레
(돌려뜨기로 1코 고무뜨기 더블)
9호 대바늘
(30코) 줍기
12(24단)
접는 선
M·L (46코)
XL (50코)
줍기
돌려뜨기로 1코 고무뜨기
소매의 무늬뜨기
멍석뜨기
무늬뜨기 B
18단 1무늬
멍석뜨기
무늬뜨기 A
소매 중심
= 겉뜨기의 돌려뜨기로 코 늘리기
= 안뜨기의 돌려뜨기로 코 늘리기

앞뒤 몸판 무늬뜨기

* M 사이즈로 완성
무늬뜨기 A = M·L 사이즈, XL 사이즈는 21단째를 뜨고 나면 4, 5단째를 반복하여 2단을 더 뜬다.

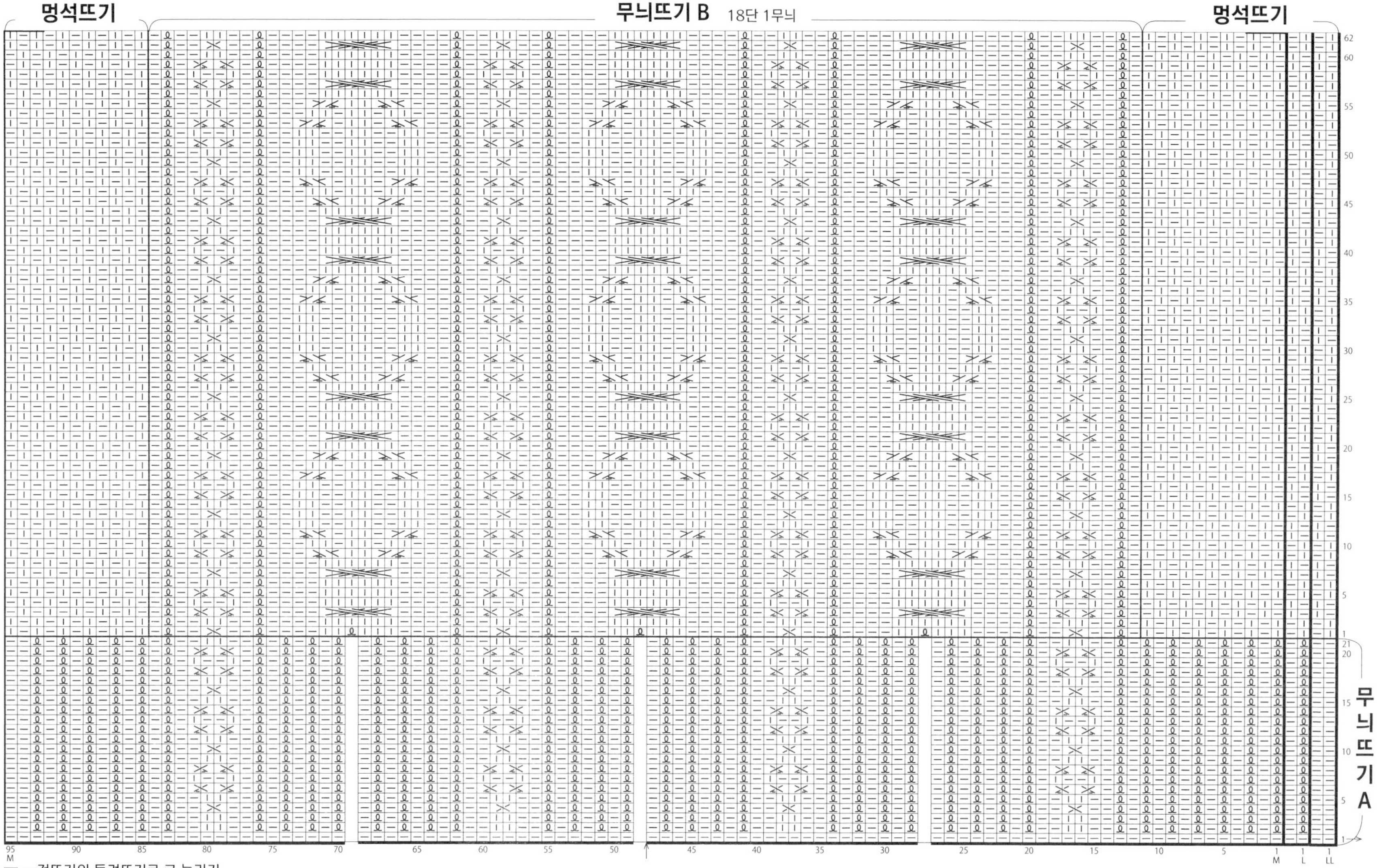

ꝸ = 겉뜨기의 돌려뜨기로 코 늘리기

NO. 2

케이블 무늬 크루넥 베스트

photo » p.8

준비물

[실] 하마나카 맨즈 클럽 마스터
연한 그레이 (56) 395g = 8볼 (M 사이즈)
L·XL 사이즈 대략적인 양 :
9볼 (L 사이즈), 10볼 (XL 사이즈)

[바늘] 대바늘 10호, 8호

게이지

가로세로 각각 10cm 무늬뜨기 B : 16.5코×21단
무늬뜨기 C : 18코×21단

완성 사이즈

	가슴둘레	어깨너비	기장
M	110cm	44cm	63cm
L	114cm	45cm	65cm
XL	118cm	46cm	69cm

뜨개 포인트

- 몸판은 손가락으로 걸어 시작코를 만들고, 아랫단에서부터 뜨기 시작합니다. 무늬뜨기 A를 다 뜨면, 바늘을 바꾸어 뜹니다. 진동 둘레의 줄임코는 2코 이상은 덮어씌우기, 1코는 끝의 1코를 세우는 줄임코를 합니다.
- 목둘레는 실이 있는 쪽을 먼저 뜨고, 어깨는 쉼코로 합니다. 중앙의 코는 실을 이어 덮어씌우기를 하고, 다음으로 남은 쪽을 뜹니다.
- 어깨는 겉이 맞닿게 겹쳐둔 채 빼뜨기로 잇고, 옆선은 돗바늘로 꿰맵니다. 목둘레와 진동 둘레는 몸판에서 코를 주워 1코 고무뜨기를 한 다음, 뜨개 마무리는 1코 고무뜨기 코막음을 합니다.

목둘레, 진동 둘레
(1코 고무뜨기) 8호 대바늘

무늬뜨기 A

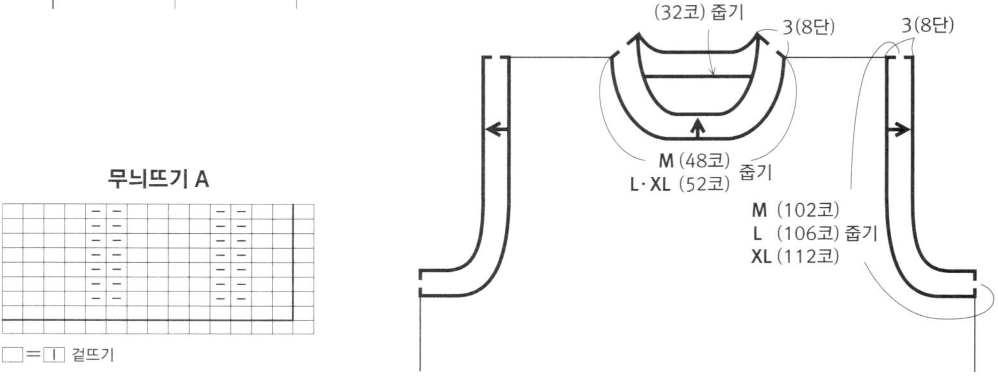

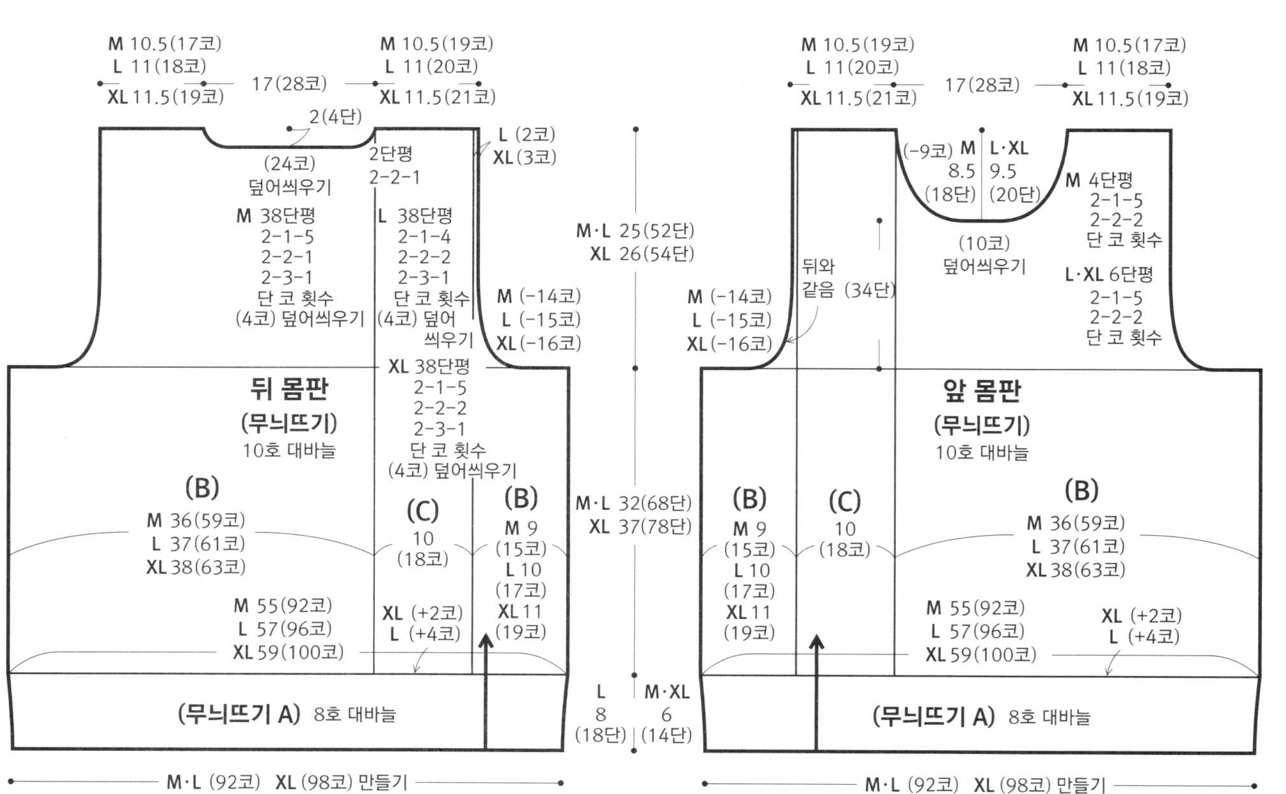

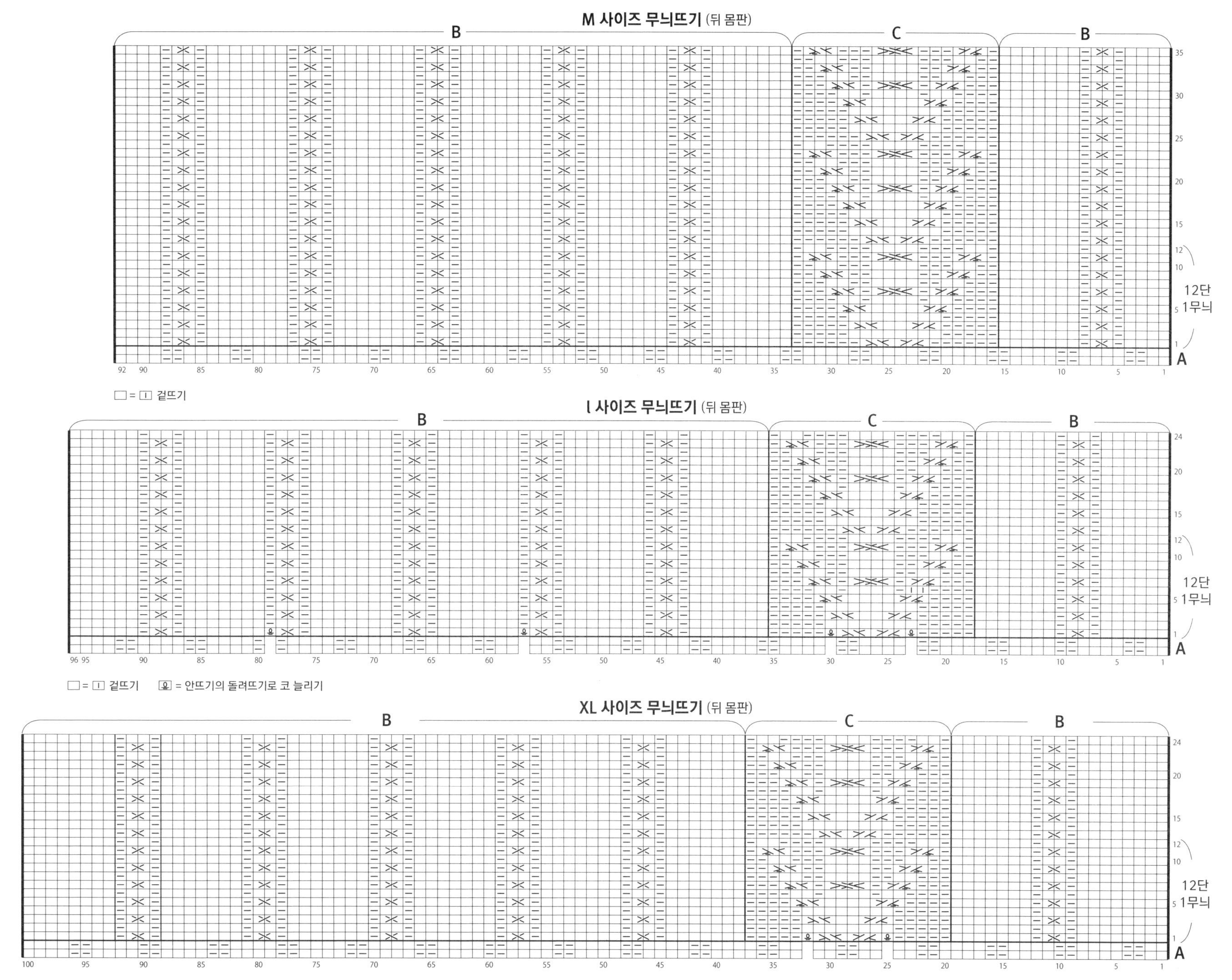
M 사이즈 무늬뜨기 (뒤 몸판)
B
C
B
12단 1무늬
A
□ = ▣ 겉뜨기
L 사이즈 무늬뜨기 (뒤 몸판)
B
C
B
12단 1무늬
A
□ = ▣ 겉뜨기
▣ = 안뜨기의 돌려뜨기로 코 늘리기
XL 사이즈 무늬뜨기 (뒤 몸판)
B
C
B
12단 1무늬
A
□ = ▣ 겉뜨기
▣ = 안뜨기의 돌려뜨기로 코 늘리기

NO. 3

앞여밈 심플 베스트

photo » p.9

준비물

[실] 하마나카 맨즈 클럽 마스터
블루 그레이 (51) 380g = 8볼 (M 사이즈)
L·XL 사이즈 대략적인 양 :
9볼 (L·XL 사이즈)

[바늘] 대바늘 10호, 8호

[그 외] 지름 19mm짜리 단추 5개

게이지

가로세로 각각 10cm 메리야스뜨기 : 15.5코×22단,
무늬뜨기 : 22코×22단

완성 사이즈

	가슴둘레	어깨너비	기장
M	108cm	42cm	62.5cm
L	110.5cm	43cm	64.5cm
XL	116.5cm	44cm	66.5cm

뜨개 포인트

- 몸판은 손가락으로 걸어 시작코를 만들고, 아랫단에서부터 뜨기 시작합니다. 1코 고무뜨기를 다 뜨면, 바늘을 바꾸어 뜹니다. 진동 둘레의 줄임코는 2코 이상은 덮어씌우기, 1코는 끝의 1코를 세우는 줄임코를 합니다.
- 목둘레는 끝의 1코를 세우는 줄임코를 하고, 어깨는 쉼코로 합니다. 중앙의 코는 실을 이어 덮어씌우기를 합니다.
- 어깨는 겉이 맞닿게 겹쳐둔 채 빼뜨기로 잇고, 옆선은 돗바늘로 꿰맵니다. 앞단과 목둘레, 진동 둘레는 몸판에서 코를 주워 1코 고무뜨기를 하는데, 왼쪽 앞단에는 단춧구멍을 만듭니다. 뜨개 마무리는 1코 고무뜨기 코막음을 합니다. 단추를 달아 마무리합니다.

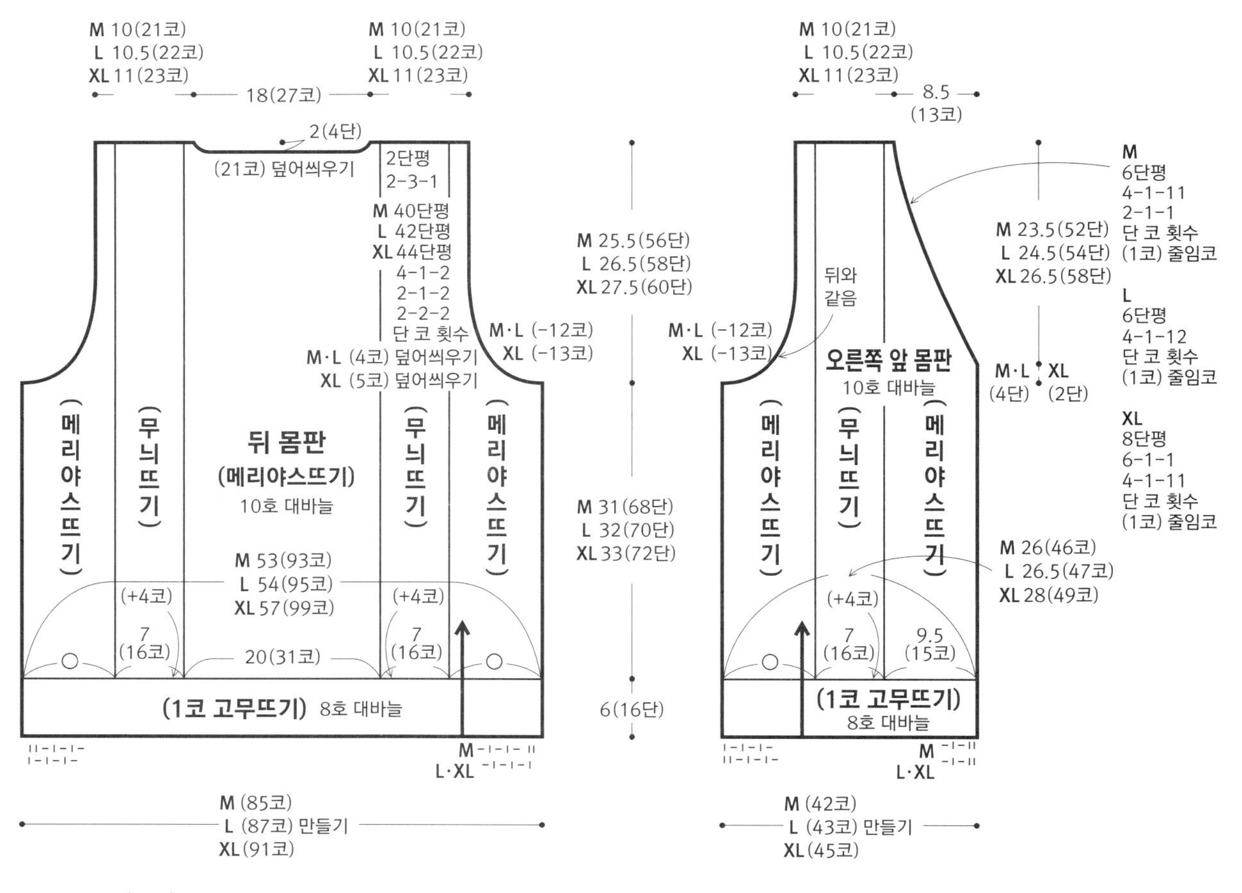

무늬뜨기

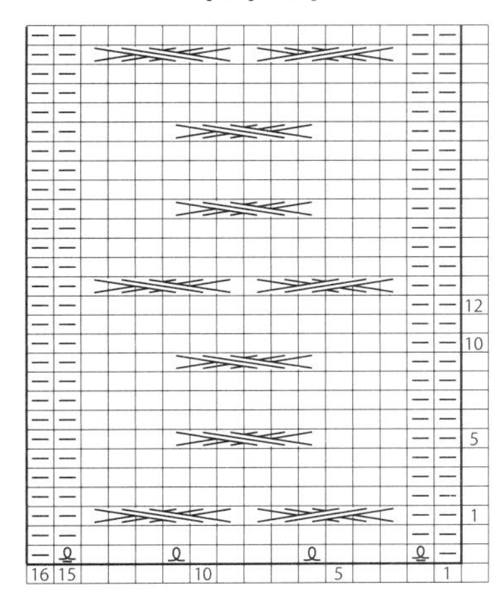

□ = ⊡ 겉뜨기
ⓠ = 겉뜨기의 돌려뜨기로 코 늘리기
ⓠ = 안뜨기의 돌려뜨기로 코 늘리기

앞단 · 목둘레, 진동 둘레

(1코 고무뜨기) 8호 대바늘

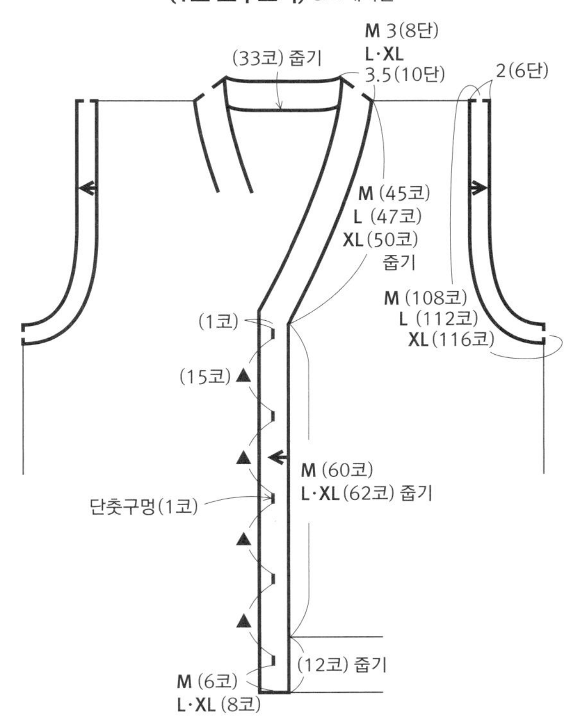

앞단 · 단춧구멍 (M 사이즈)

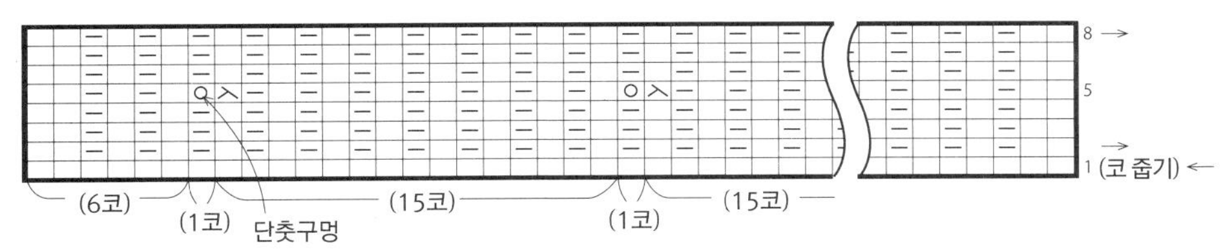

앞단 · 단춧구멍 (L · XL 사이즈)

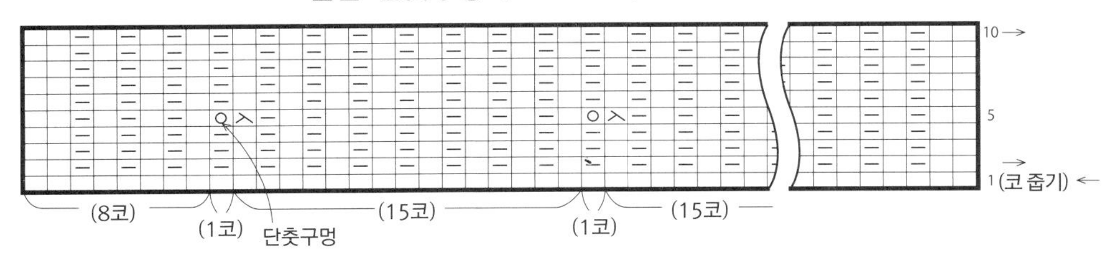

NO. 4

스트라이프 모자

photo » p.9

준비물

[실] 하마나카 아란 트위드
그레이 (3) 30g = 1볼,
감색 (11) 20g = 1볼
[바늘] 대바늘 8호

게이지

가로세로 각각 10cm 무늬뜨기 줄무늬 : 15코×26단

완성 사이즈

머리둘레 50cm, 깊이 20cm

뜨개 포인트

● 손가락으로 걸어 시작코를 만들어 원형뜨기를 하는데, 머리가 들어가는 입구부터 2코 고무뜨기로 뜨기 시작합니다. 이어서 줄무늬를 무늬뜨기하고, 꼭대기는 도안을 참조하여 줄임코로 합니다. 남은 코에 실을 통과시켜 조입니다.

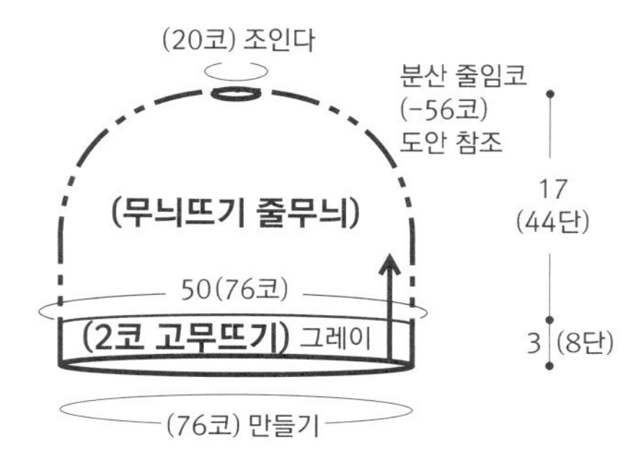

무늬뜨기 줄무늬

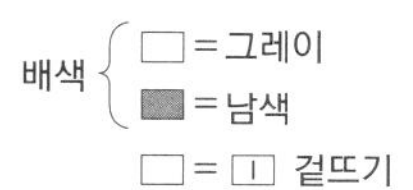

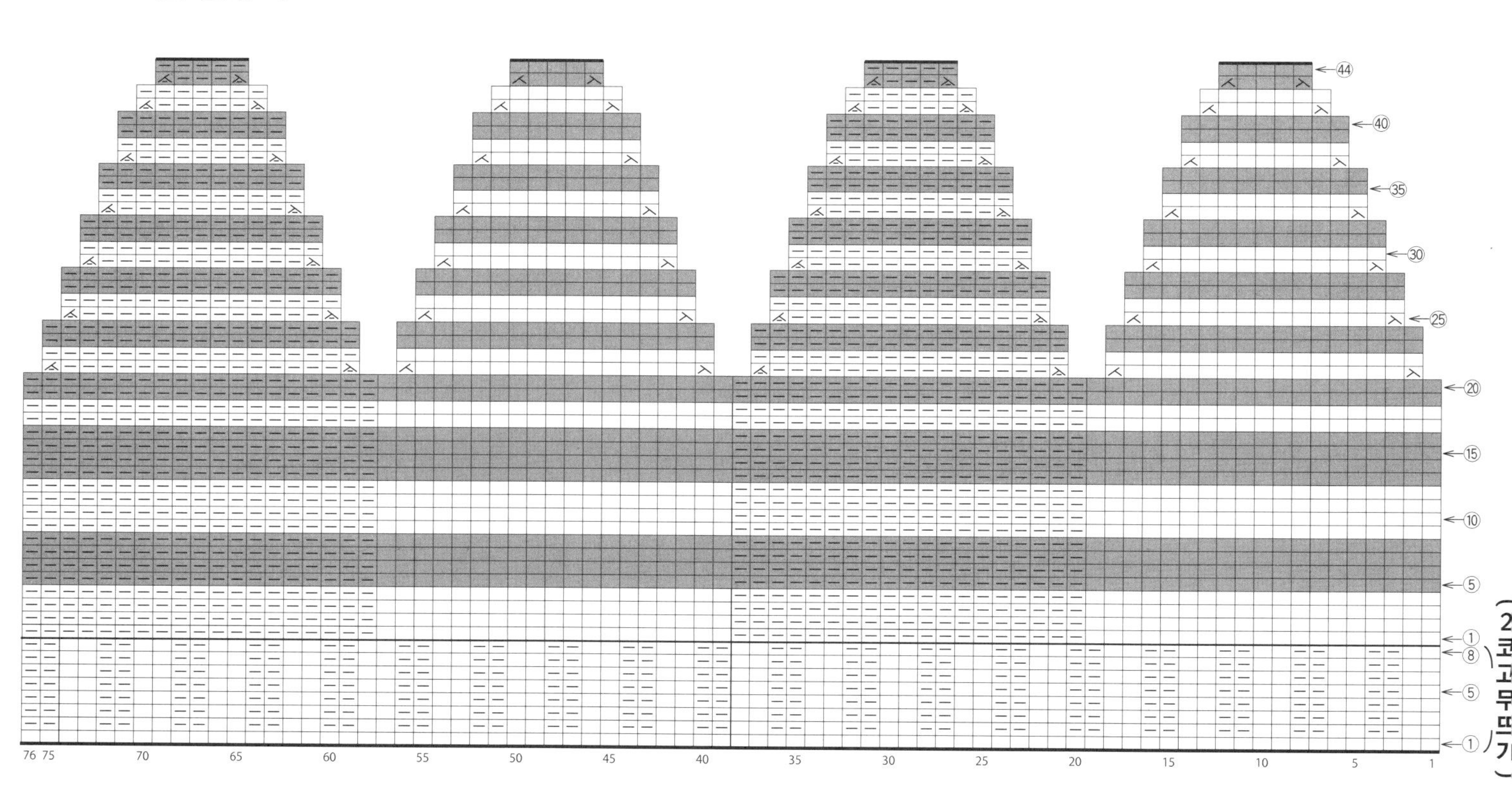

NO. 5

피셔맨즈 스웨터

photo » p.10

준비물

[실] 하마나카 맨즈 클럽 마스터
남색 (69) 615g = 13볼 (M 사이즈)
L·XL 사이즈 대략적인 양 :
14볼 (L 사이즈), 15볼 (XL 사이즈)

[바늘] 대바늘 10호, 8호

게이지

가로세로 각각 10cm 메리야스뜨기 : 14.5코×21단,
무늬뜨기 A : 19코×21단, 무늬뜨기 B : 17코×21단

완성 사이즈

	가슴둘레	어깨너비	기장	소매길이
M	108cm	40.5cm	65.5cm	60cm
L	114cm	42.5cm	67.5cm	63cm
XL	120cm	44.5cm	69.5cm	65.5cm

뜨개 포인트

- 몸판은 별도 사슬로 시작코를 만들고, 아랫단과 분리되는 위치부터 뜨기 시작합니다. 진동 둘레와 목둘레의 줄임코는 2코 이상은 덮어씌우기, 1코는 끝의 1코를 세우는 줄임코를 합니다. 어깨는 되돌아뜨기를 하여 쉼코로 합니다. 아랫단은 2코 고무뜨기를 하고, 뜨개 마무리는 2코 고무뜨기 코막음을 합니다.
- 소매는 몸판과 같은 시작코로 뜨고, 밑소매는 1코 안쪽에서 돌려뜨기로 코 늘리기를 합니다. 뜨개 마무리는 덮어씌우기를 합니다.
- 어깨는 덮어씌워 잇기를 하고, 옆선과 밑소매는 돗바늘로 꿰맵니다. 목둘레는 코를 주워 뜨고, 뜨개 마무리는 느슨하게 덮어씌워 코막음을 하고, 안쪽으로 접어 꿰맵니다. 소매는 빼뜨기로 잇습니다.

※ 사이즈별 표기가 없는 부분은 공통

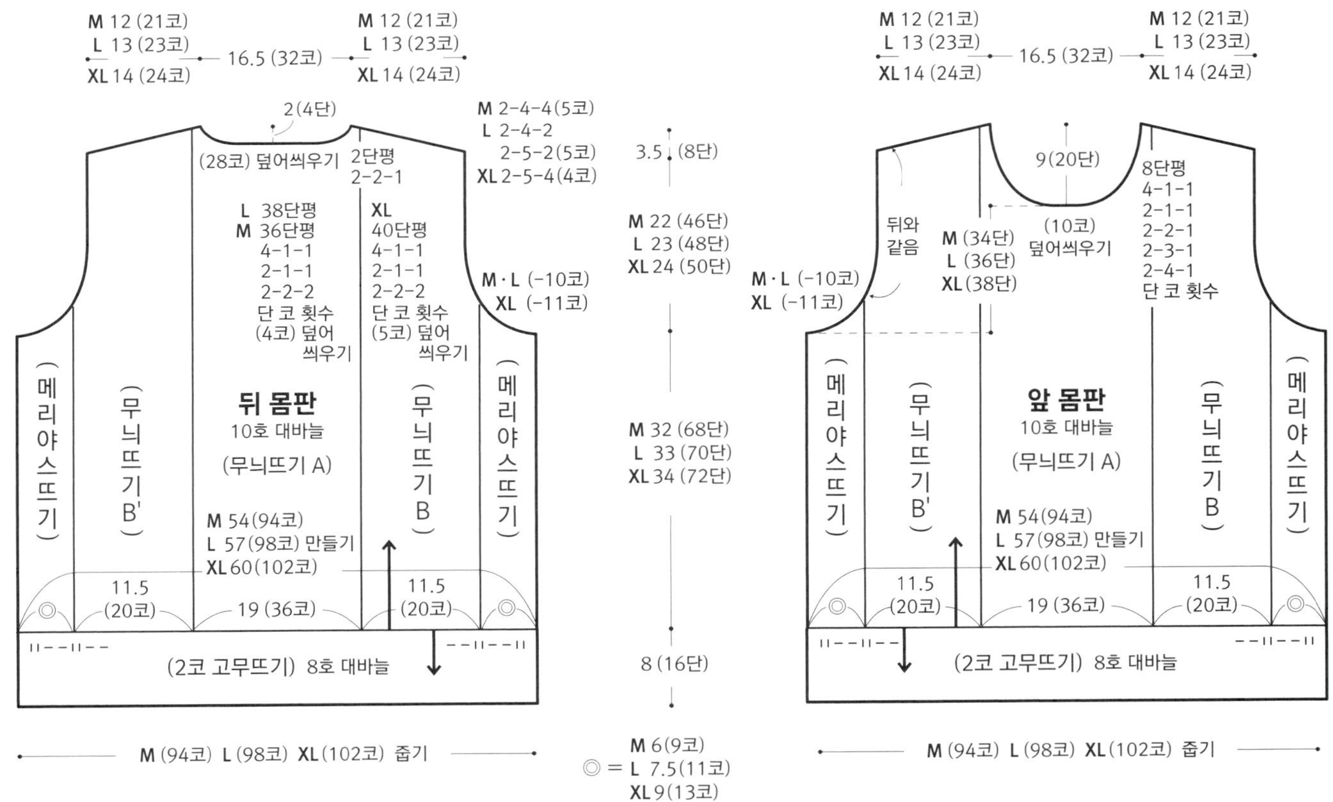

2코 고무뜨기

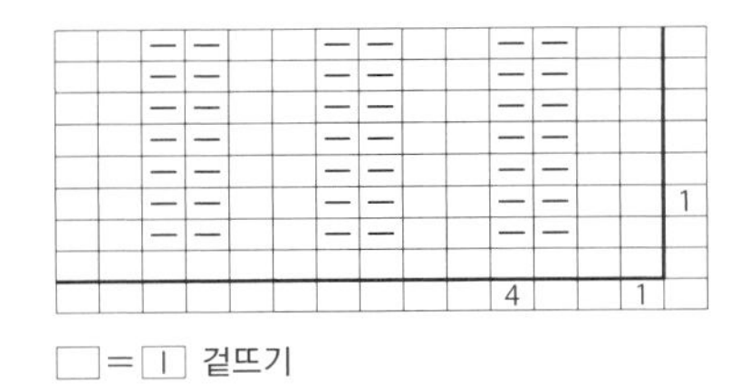

□ = ㅣ 겉뜨기

※ 2코 고무뜨기 코막음은 P.77 참조

목둘레 (2코 고무뜨기 더블) 8호 대바늘

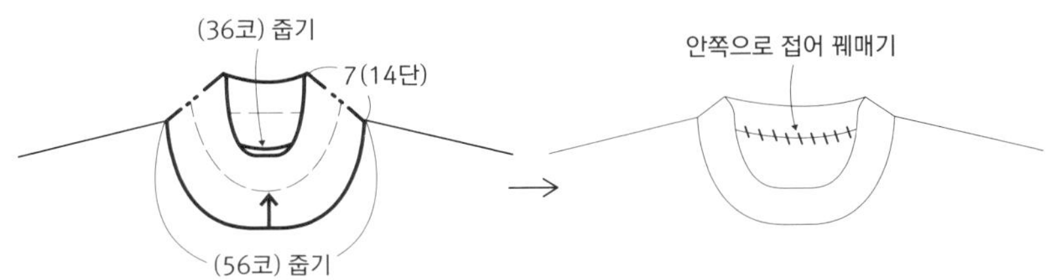

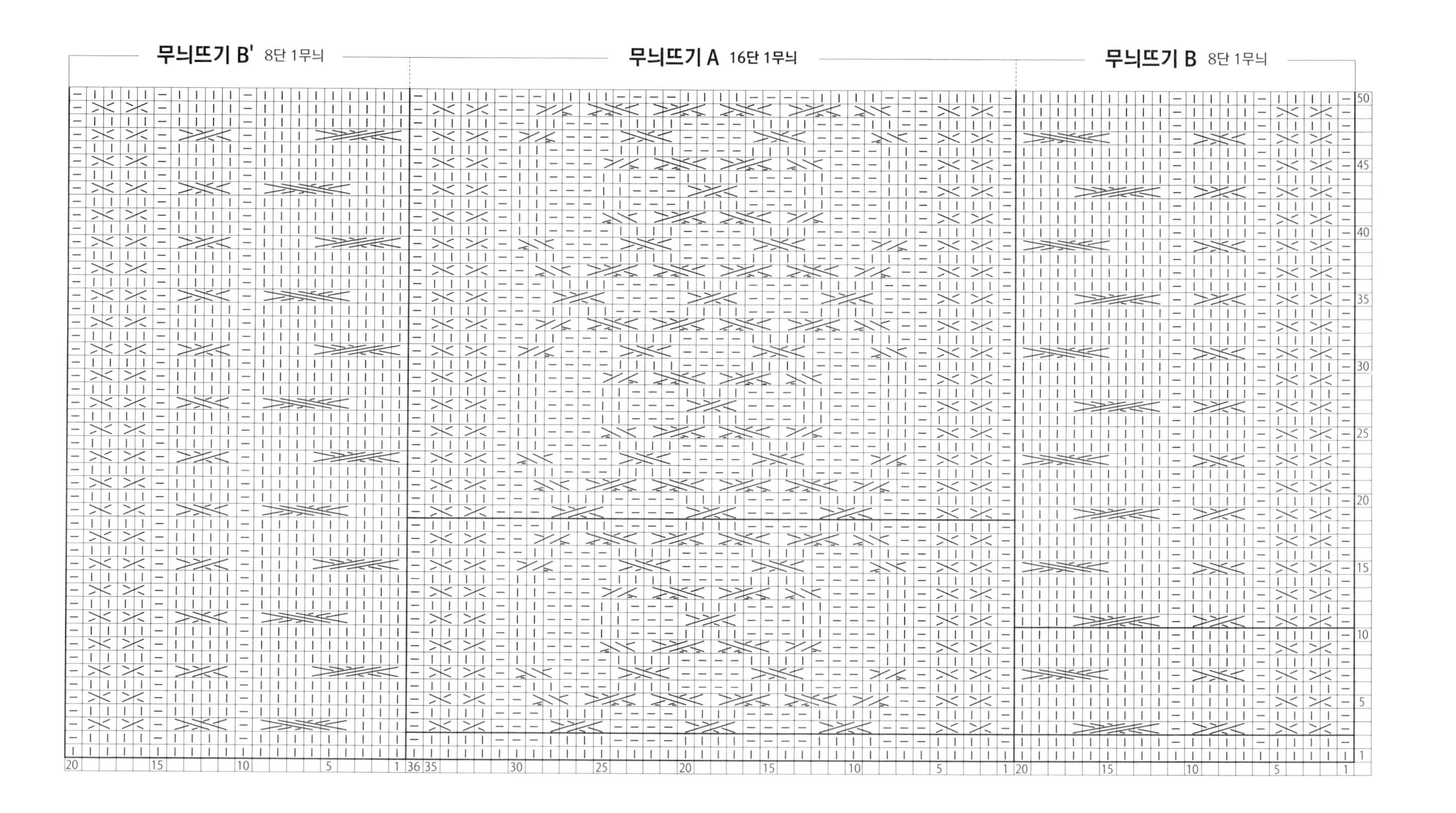
무늬뜨기 B' 8단 1무늬
무늬뜨기 A 16단 1무늬
무늬뜨기 B 8단 1무늬

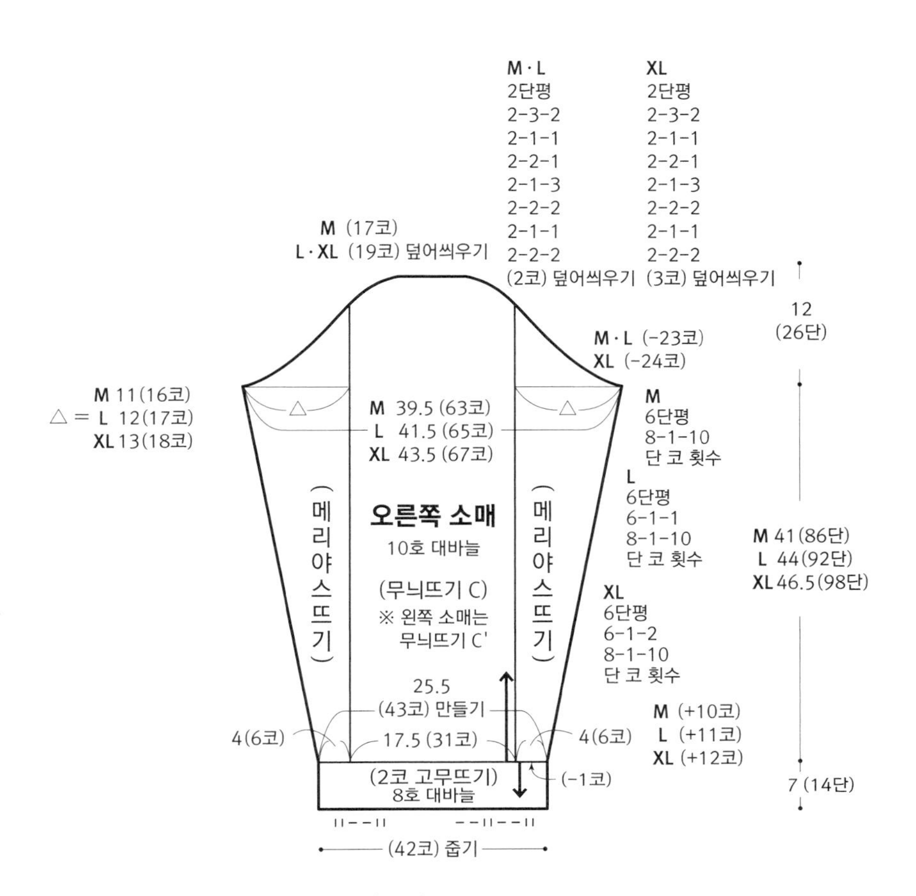

무늬뜨기 C (오른쪽 소매)

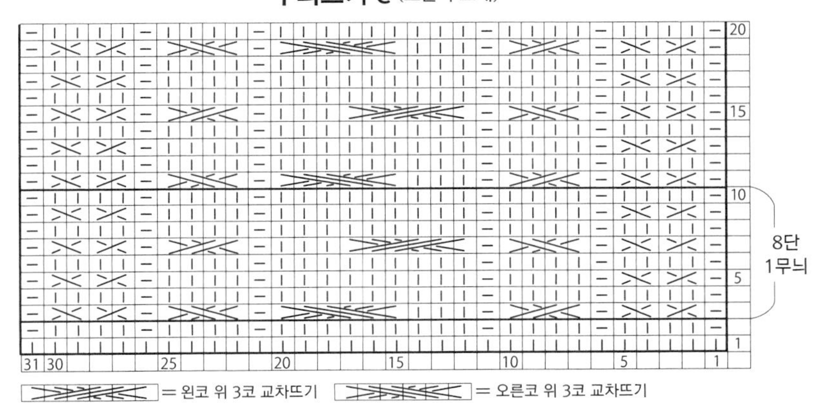

= 왼코 위 3코 교차뜨기 = 오른코 위 3코 교차뜨기

무늬뜨기 C' (왼쪽 소매)

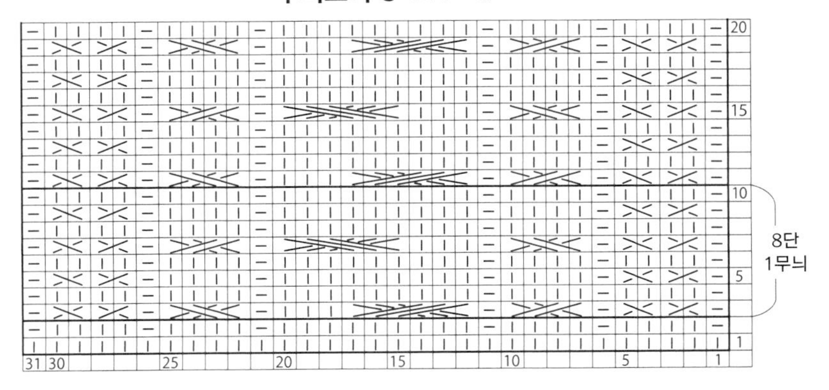

NO. 6

V 넥 케이블 베스트

photo » p.11

준비물

[실] 하마나카 아란 트위드
그레이 (3) 340g = 9볼 (M 사이즈)
L·XL 사이즈 대략적인 양 :
10볼 (L·XL 사이즈)

[바늘] 대바늘 10호, 8호

게이지

메리야스뜨기 : 가로세로 각각 10cm 16.5코×23단,
무늬뜨기 : 1무늬 56코로 27cm · 10cm로 23단

완성 사이즈

	가슴둘레	어깨너비	기장
M	104cm	42cm	62cm
L	110cm	43cm	64.5cm
XL	114cm	45cm	67cm

뜨개 포인트

- 몸판은 별도 사슬로 시작코를 만들고, 아랫단과 분리되는 위치부터 뜨기 시작합니다. 진동 둘레와 목둘레의 줄임코는 2코 이상은 덮어씌우기, 1코는 끝의 1코를 세우는 줄임코를 합니다. 앞 목둘레 중앙의 2코는 쉼코로 하고, 좌우로 나누어 뜹니다. 마지막 단에서 줄임코를 하고, 어깨는 쉼코로 합니다. 아랫단은 1코 고무뜨기로 하고, 뜨개 마무리는 1코 고무뜨기 코막음을 합니다.
- 어깨는 덮어씌워 잇기를 합니다. 목둘레와 진동 둘레는 코를 주워 1코 고무뜨기를 하고, 앞쪽 중앙은 줄임코로 뜹니다. 뜨개 마무리는 1코 고무뜨기 코막음을 합니다. 옆선은 돗바늘로 꿰맵니다.

※ 사이즈별 표기가 없는 부분은 공통

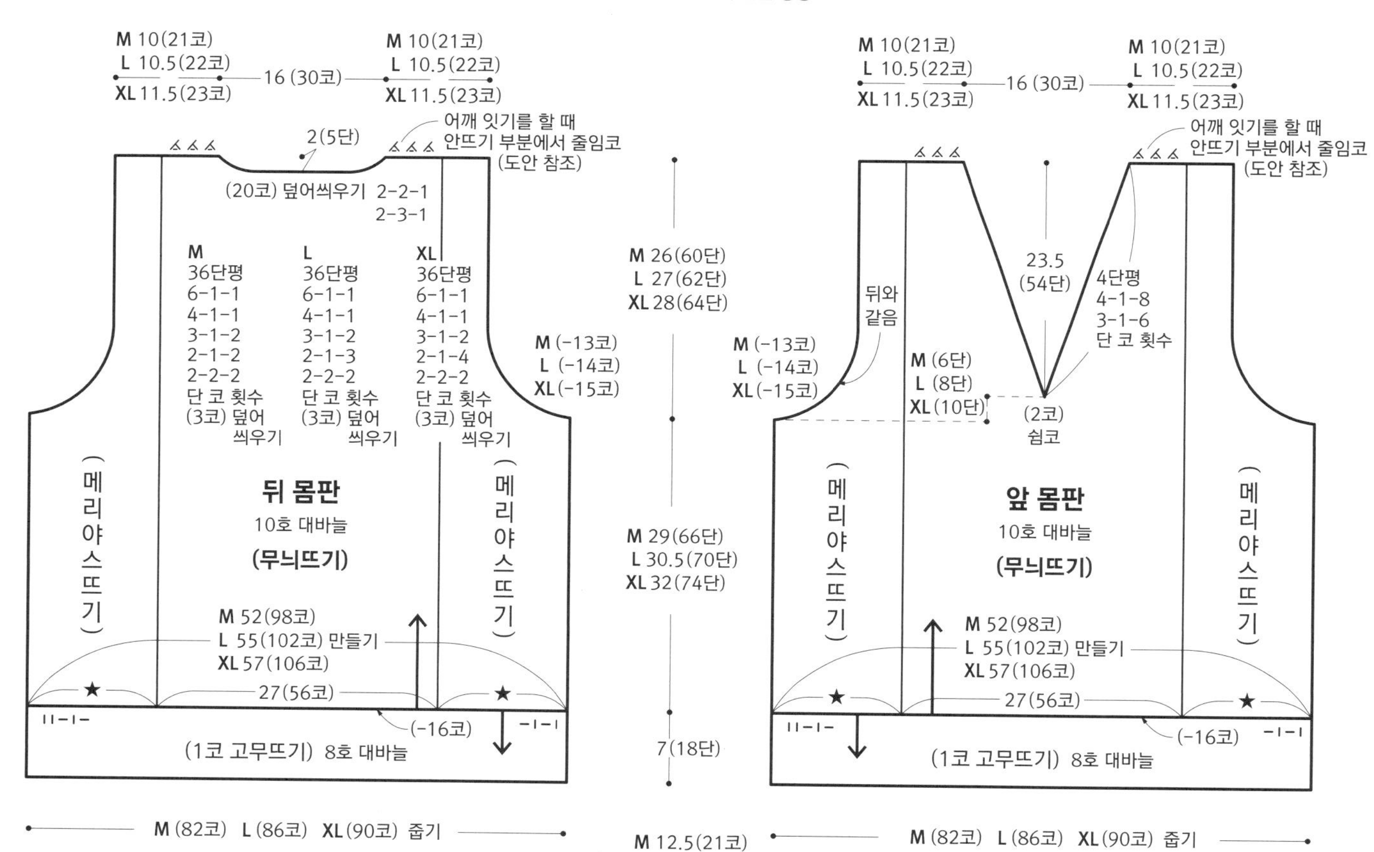

1코 고무뜨기

□=⊟ 안뜨기

목둘레, 진동 둘레 (1코 고무뜨기) 8호 대바늘

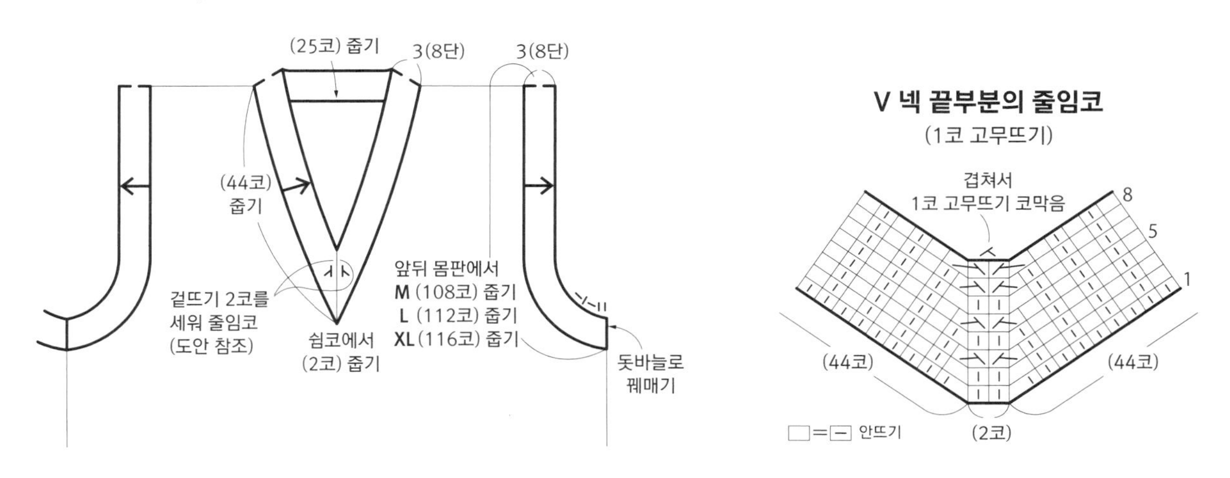

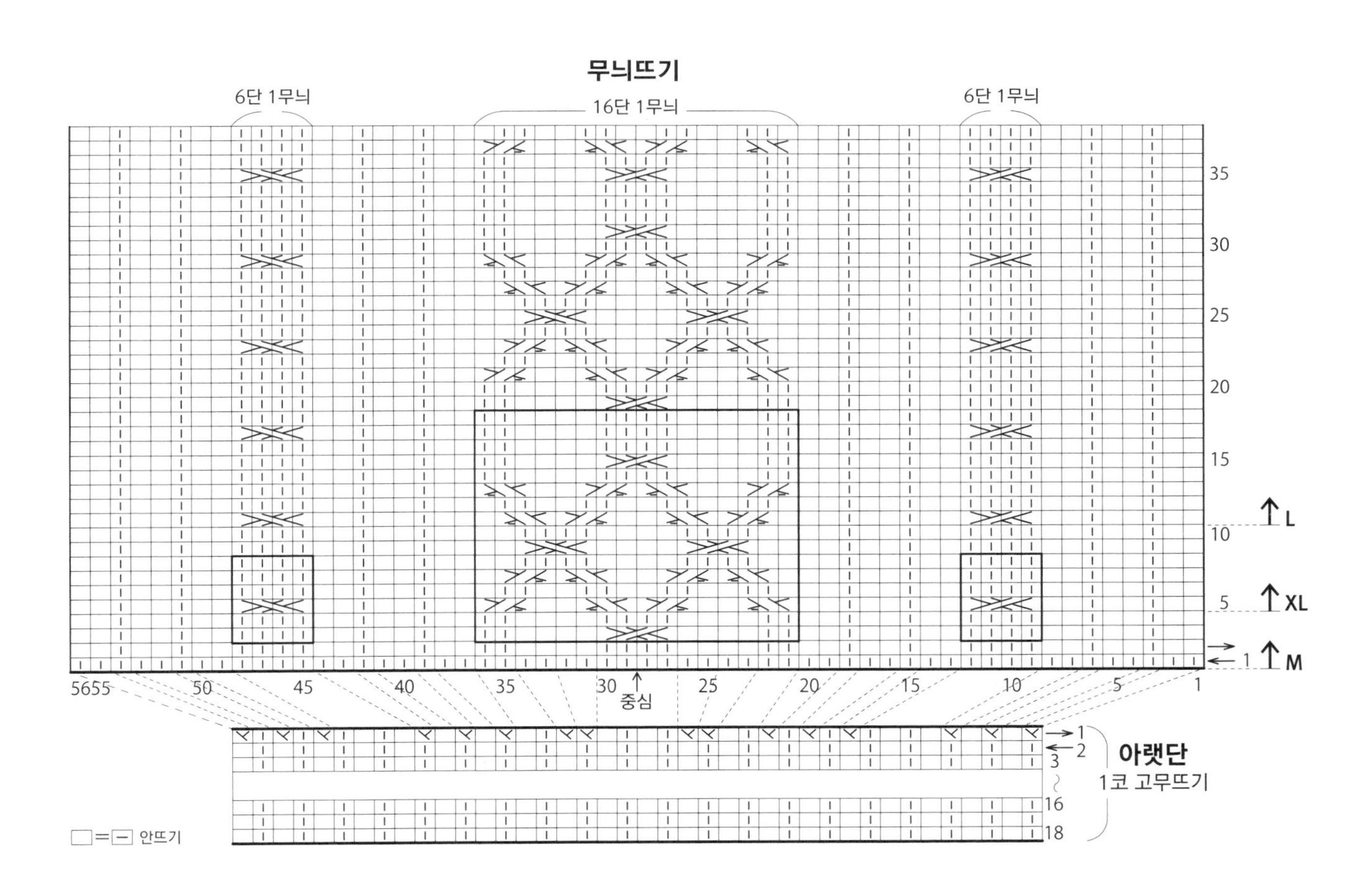

M 사이즈

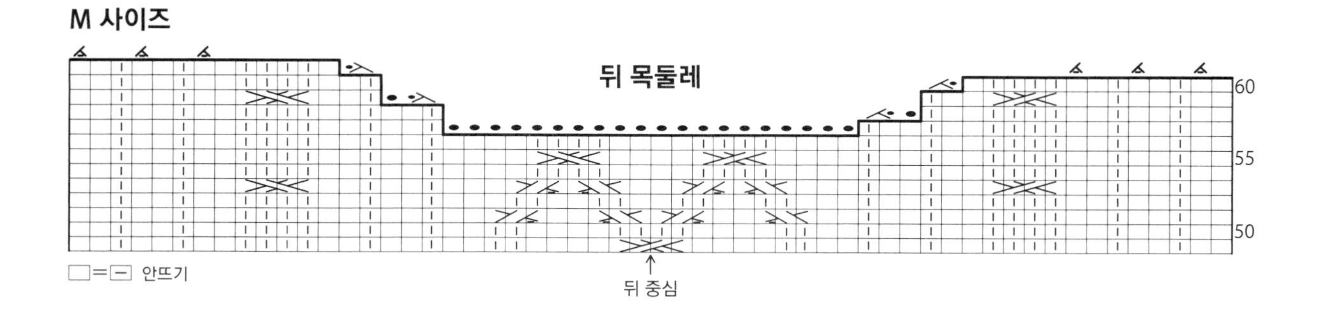

M 사이즈

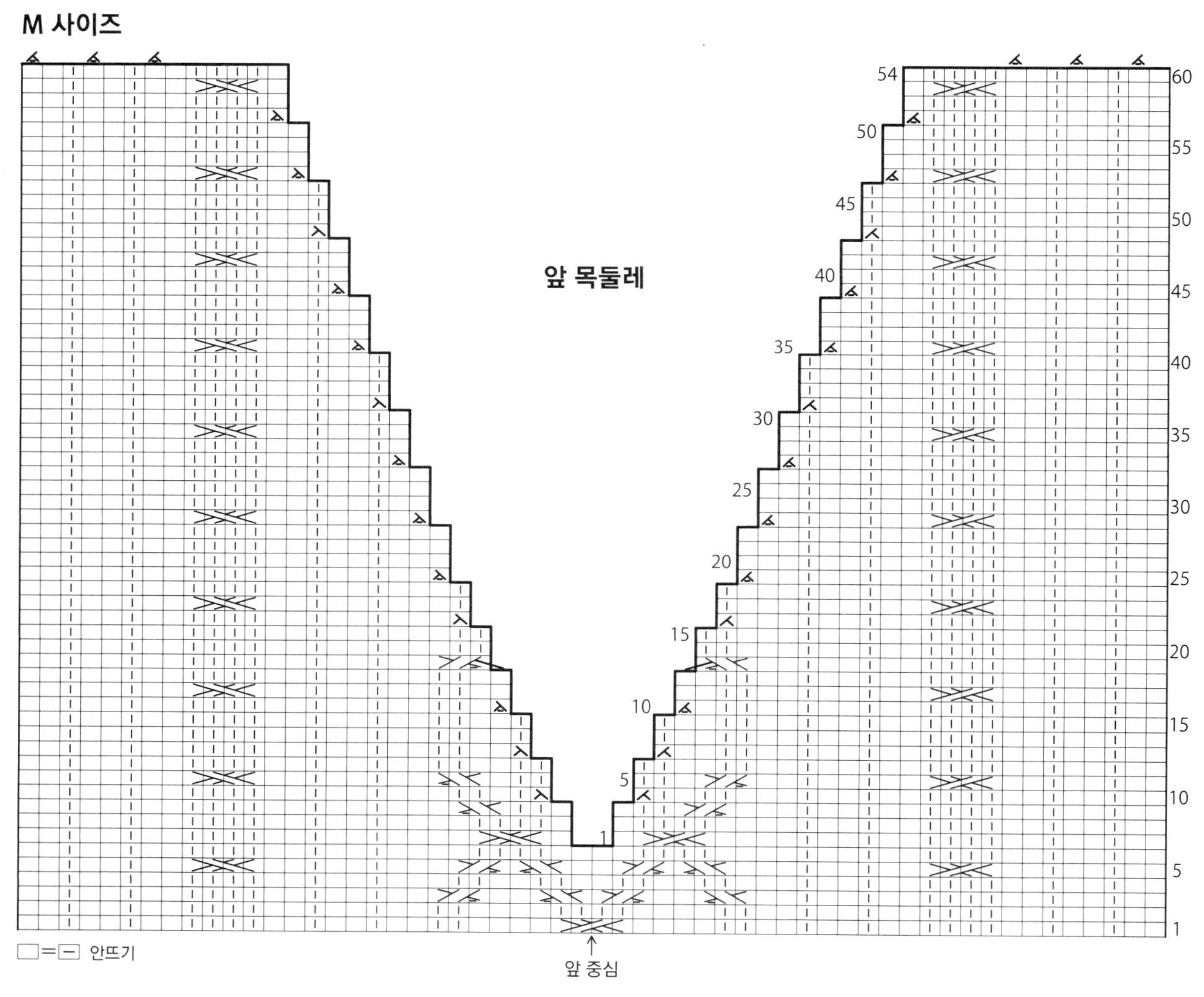

4 3 2 1 = 2코·1코의 교차를 하면서, 2와 4의 코를 오른코 겹쳐 2코 모아뜨기를 한다.(1코 줄임코)

4 3 2 1 = 2코·1코의 교차를 하면서, 1과 3의 코를 왼코 겹쳐 2코 모아뜨기를 한다.(1코 줄임코)

NO. 7

래글런 아란 스웨터

photo » p.12

준비물

[실] 하마나카 아란 트위드
그레이 (3) 535g = 14볼 (M 사이즈)
L·XL 사이즈 대략적인 양 :
14볼 (L 사이즈), 16볼 (XL 사이즈)

[바늘] 대바늘 10호, 7호

게이지

가로세로 각각 10cm 멍석뜨기 15코,
무늬뜨기 A 6코로 2.5cm, B 15.5코, C 21코,
단수는 모두 21단

완성 사이즈

	가슴둘레	기장	화장
M	106cm	63.5cm	76.5cm
L	110cm	66.5cm	79cm
XL	114cm	69.5cm	81.5cm

뜨개 포인트

- 앞뒤 몸판과 소매 모두 손가락으로 걸어 시작코를 만들고, 1코 고무뜨기로 뜨기 시작하여 이어서 무늬뜨기를 합니다.
- 2코 이상의 줄임코는 덮어씌우기, 래글런 선은 끝의 3코를 세우는 줄임코, 그 이외의 1코의 줄임코는 끝의 1코를 세우는 줄임코로 합니다. 밑소매의 늘림코는 1코 안쪽에서 돌려뜨기로 코 늘리기를 합니다.
- 겨드랑이의 덮어씌우기코는 메리야스 잇기를 하고, 래글런 선과 옆선, 밑소매는 돗바늘로 꿰매어 합칩니다.
- 목둘레는 코를 주워 1코 고무뜨기를 하고, 뜨개 마무리는 1코 고무뜨기 코막음을 합니다.

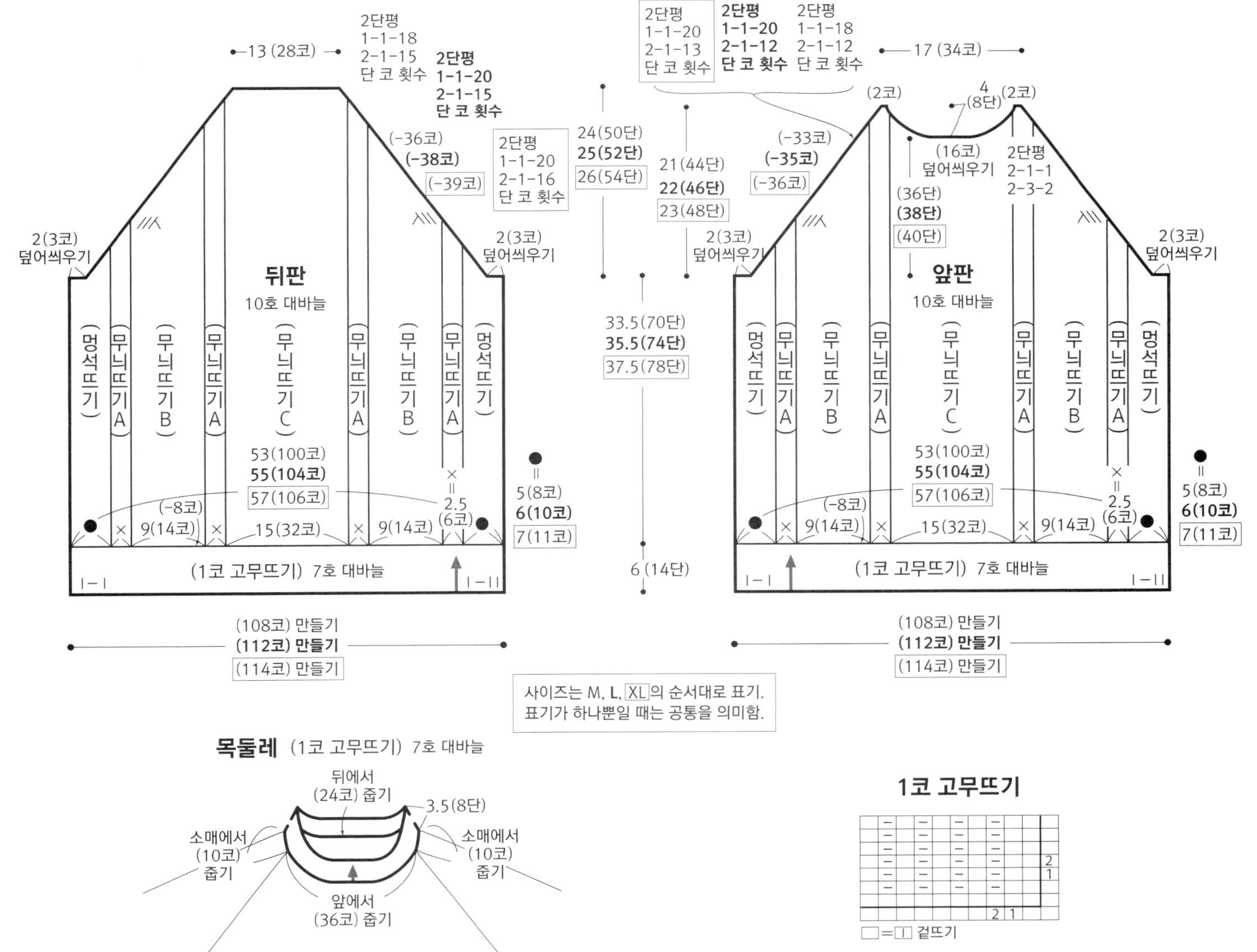

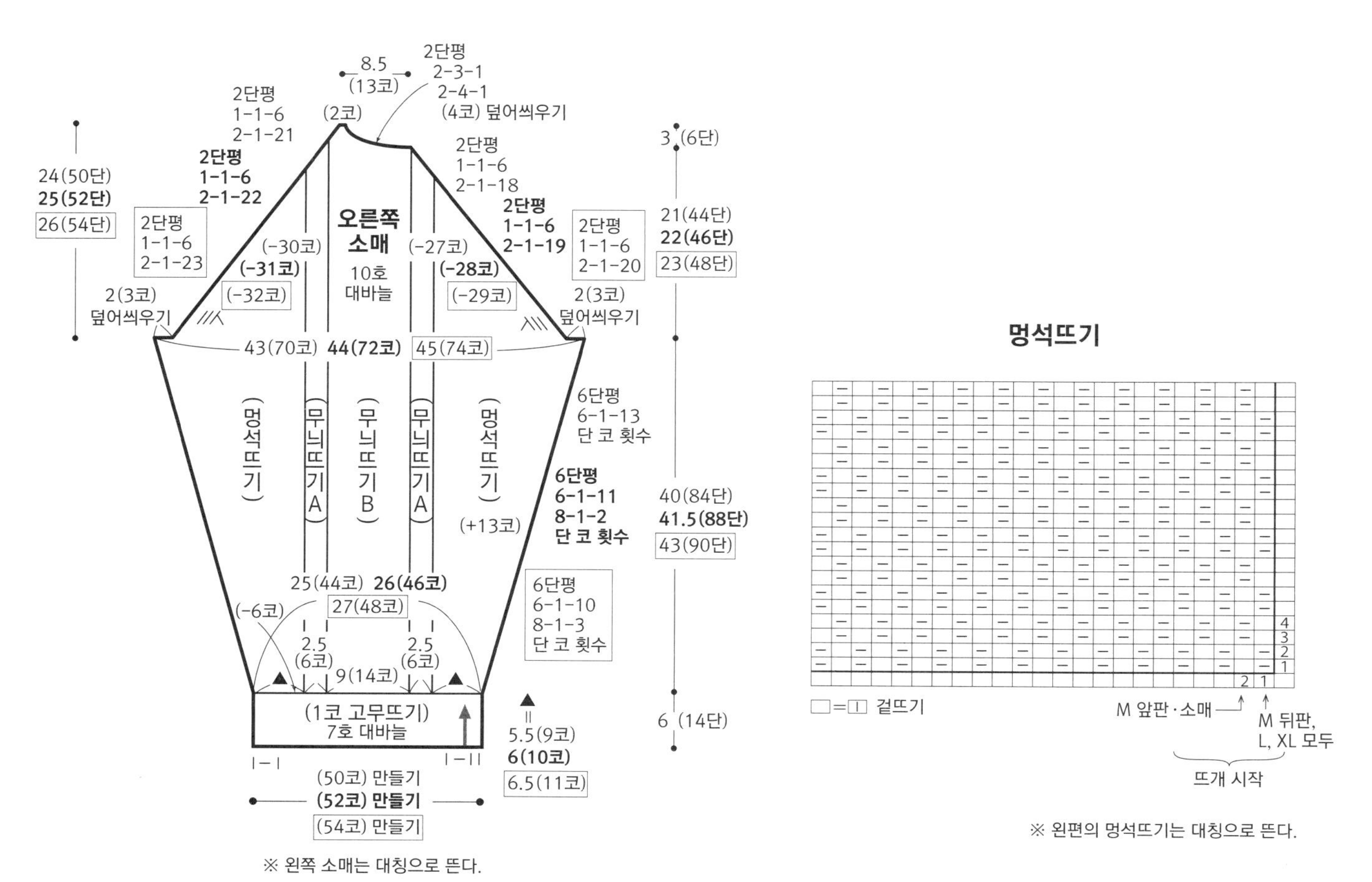

오른쪽 소매
10호 대바늘
8.5
(13코)
2단평
2-3-1
2-4-1
(4코) 덮어씌우기
(2코)
2단평
1-1-6
2-1-21
2단평
1-1-6
2-1-22
2단평
1-1-6
2-1-23
2단평
1-1-6
2-1-18
2단평
1-1-6
2-1-19
2단평
1-1-6
2-1-20
24(50단)
25(52단)
26(54단)
3 (6단)
21(44단)
22(46단)
23(48단)
(-30코)
(-31코)
(-32코)
(-27코)
(-28코)
(-29코)
2(3코)
덮어씌우기
2(3코)
덮어씌우기
43(70코) 44(72코) 45(74코)
(멍석뜨기)
(무늬뜨기A)
(무늬뜨기B)
(무늬뜨기A)
(멍석뜨기)
6단평
6-1-13
단 코 횟수
6단평
6-1-11
8-1-2
단 코 횟수
(+13코)
6단평
6-1-10
8-1-3
단 코 횟수
40(84단)
41.5(88단)
43(90단)
25(44코) 26(46코)
27(48코)
(-6코)
2.5
(6코)
2.5
(6코)
9(14코)
(1코 고무뜨기)
7호 대바늘
5.5(9코)
6(10코)
6.5(11코)
6 (14단)
(50코) 만들기
(52코) 만들기
(54코) 만들기
※ 왼쪽 소매는 대칭으로 뜬다.
멍석뜨기
4
3
2
1
2 1
□=Ⅰ 겉뜨기
M 앞판·소매
M 뒤판,
L, XL 모두
뜨개 시작
※ 왼편의 멍석뜨기는 대칭으로 뜬다.

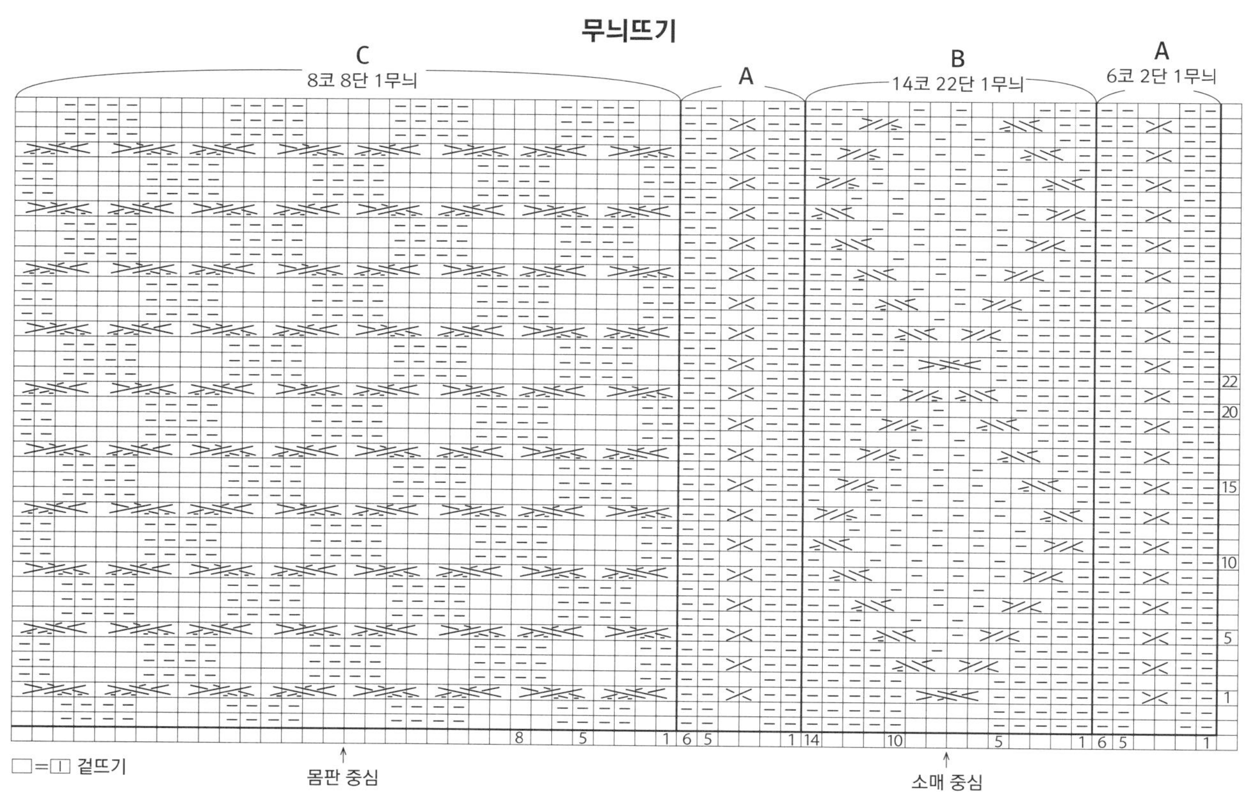

무늬뜨기
C
8코 8단 1무늬
A
B
14코 22단 1무늬
A
6코 2단 1무늬
22
20
15
10
5
1
8 5 1 6 5 1 14 10 5 1 6 5 1
□=Ⅰ 겉뜨기
몸판 중심
소매 중심

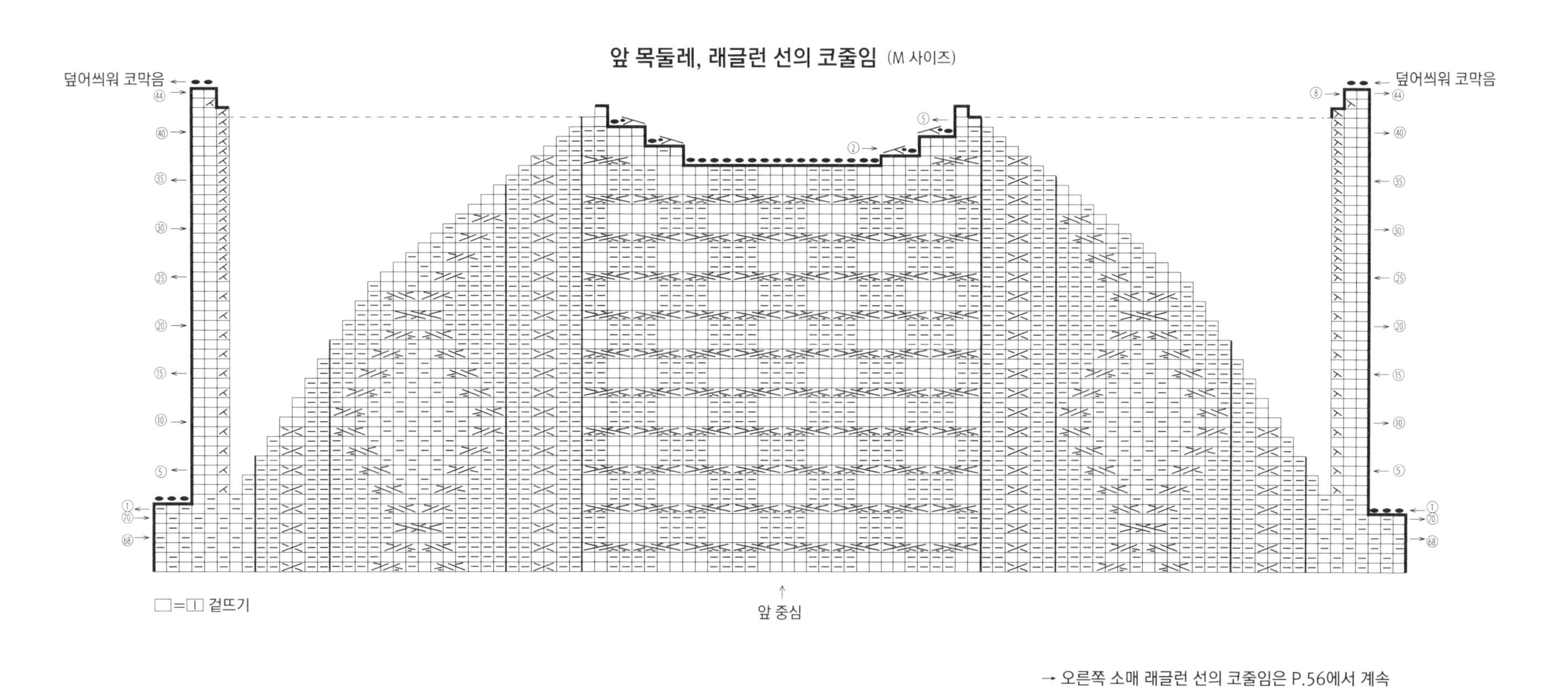
앞 목둘레, 래글런 선의 코줄임 (M 사이즈)
덮어씌워 코막음
덮어씌워 코막음
44
40
35
30
25
20
15
10
5
1
70
68
8
5
2
□=▥ 걸뜨기
앞 중심
→ 오른쪽 소매 래글런 선의 코줄임은 P.56에서 계속

NO. 8

V 넥 스웨터

photo » p.13

준비물

[실] 하마나카 맨즈 클럽 마스터
감색 (23) 740g = 15볼 (M 사이즈)
L·XL 사이즈 대략적인 양 :
16볼 (L 사이즈), 17볼 (XL 사이즈)

[바늘] 대바늘 10호

게이지

가로세로 각각 10cm 무늬뜨기 A : 16.5코×22단
가로세로 각각 10cm 무늬뜨기 B : 20.5코×22단

완성 사이즈

	가슴둘레	어깨너비	기장	소매길이
M	108cm	44cm	64cm	59cm
L	110cm	45cm	66cm	61cm
XL	114cm	47cm	68cm	63cm

뜨개 포인트

- 앞뒤 몸판과 소매 모두 손가락으로 걸어 시작코를 만들고, 1코 고무뜨기로 뜨기 시작하여 이어서 무늬뜨기 A, B를 합니다.
- 진동 둘레, 목둘레의 줄임코는 2코 이상은 덮어씌우기, 1코는 끝의 1코를 세우는 줄임코를 합니다. 밑소매의 늘림코는 1코 안쪽에서 돌려뜨기로 코 늘리기를 합니다.
- 어깨는 덮어씌워 잇기를 하고, 옆선과 밑소매는 돗바늘로 꿰매어 합칩니다.
- 목둘레는 코를 주워 도안을 참조해서 V 넥 끝부분에서 줄임코를 하며 1코 고무뜨기를 하고, 뜨개 마무리는 덮어씌워 코막음을 합니다.
- 소매는 겉이 맞닿게 겹쳐둔 채 빼뜨기로 꿰맵니다.

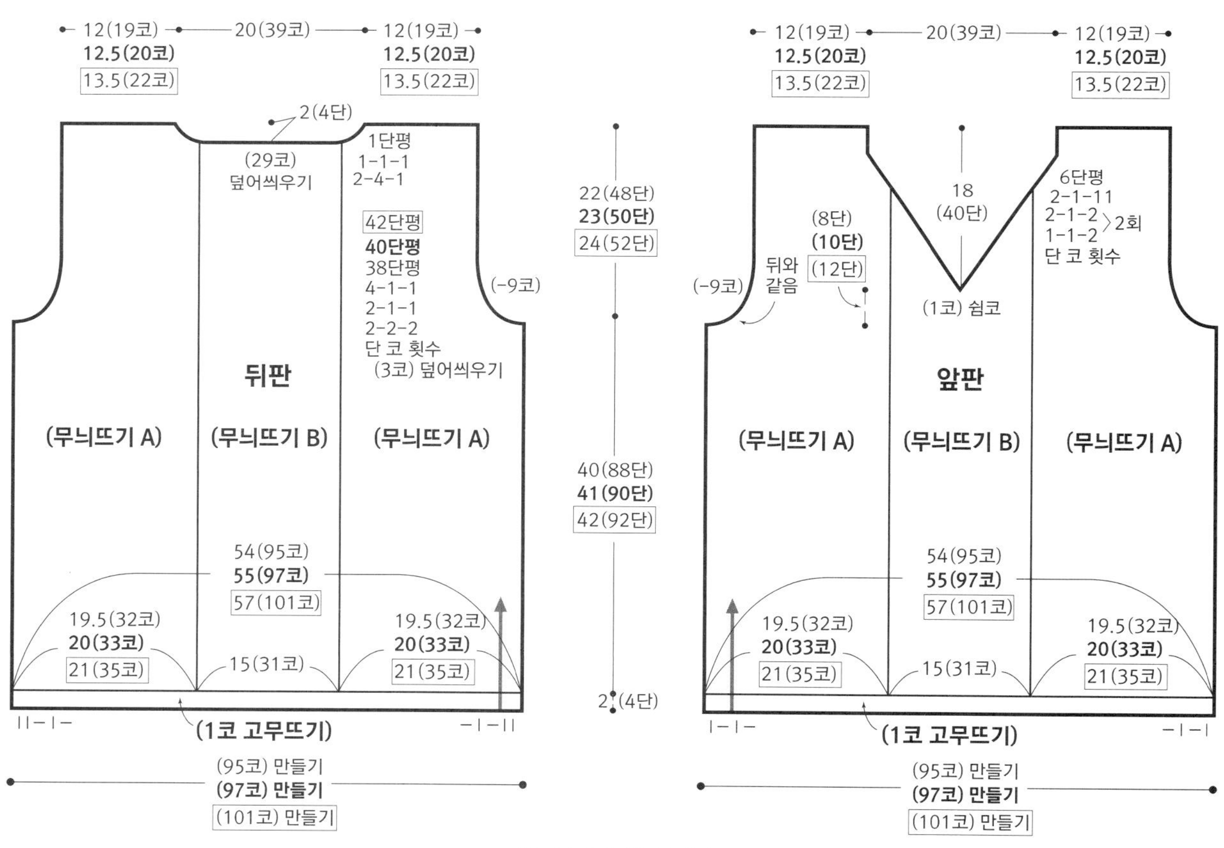

※ 모두 10호 바늘로 뜬다.

사이즈는 M, **L**, XL의 순서대로 표기.
표기가 하나뿐일 때는 공통을 의미함.

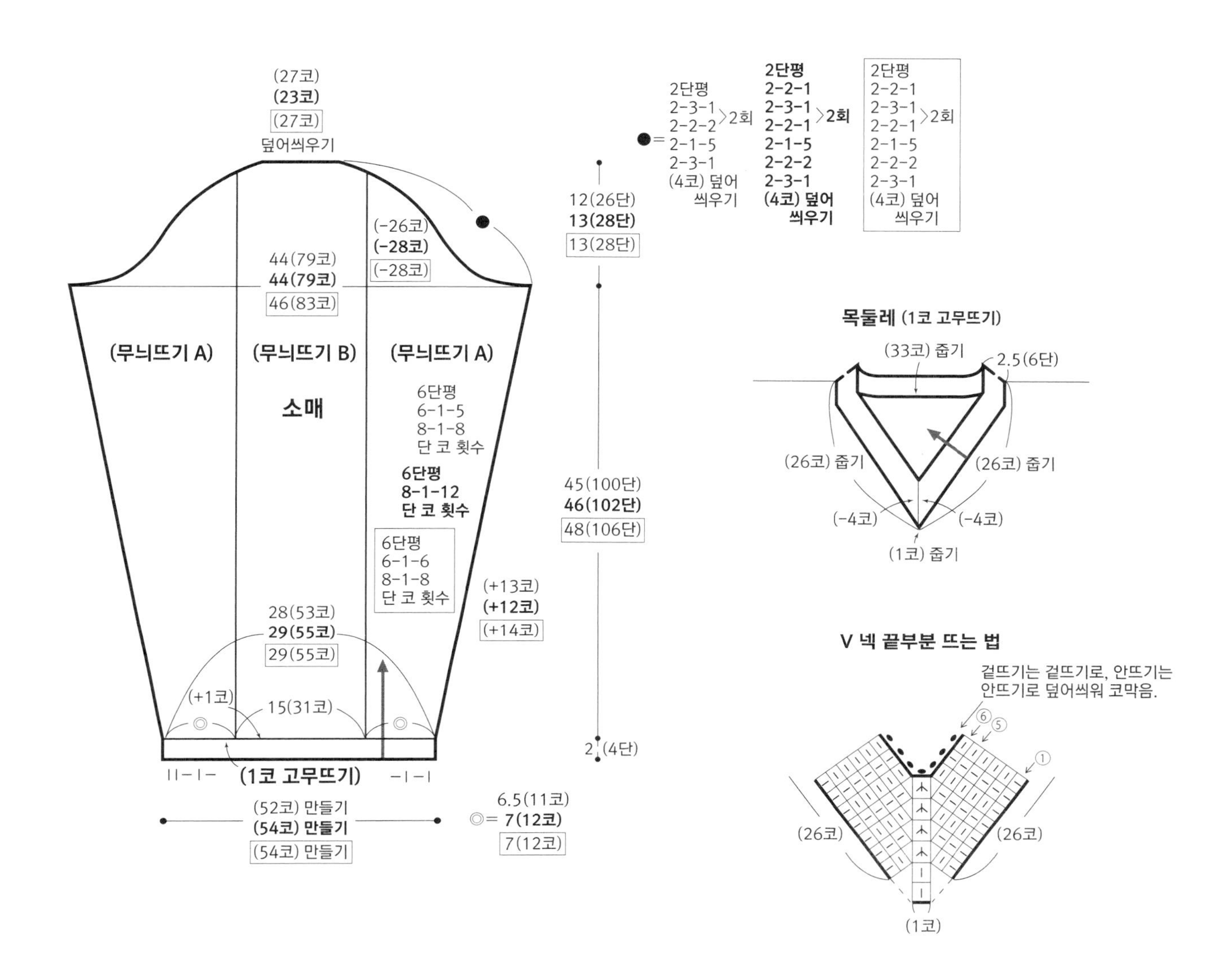
(27코)
(23코)
(27코)
덮어씌우기
2단평
2-3-1
2-2-2 2회
2-1-5
2-3-1
(4코) 덮어 씌우기
2단평
2-2-1
2-3-1
2-2-1 2회
2-1-5
2-2-2
2-3-1
(4코) 덮어 씌우기
2단평
2-2-1
2-3-1
2-2-1 2회
2-1-5
2-2-2
2-3-1
(4코) 덮어 씌우기
12(26단)
13(28단)
13(28단)
(-26코)
(-28코)
(-28코)
44(79코)
44(79코)
46(83코)
(무늬뜨기 A)
(무늬뜨기 B)
(무늬뜨기 A)
소매
6단평
6-1-5
8-1-8
단 코 횟수
6단평
8-1-12
단 코 횟수
6단평
6-1-6
8-1-8
단 코 횟수
45(100단)
46(102단)
48(106단)
(+13코)
(+12코)
(+14코)
28(53코)
29(55코)
29(55코)
(+1코)
15(31코)
2(4단)
(1코 고무뜨기)
(52코) 만들기
(54코) 만들기
(54코) 만들기
6.5(11코)
◎= 7(12코)
7(12코)
목둘레 (1코 고무뜨기)
(33코) 줍기
2.5(6단)
(26코) 줍기
(26코) 줍기
(-4코)
(-4코)
(1코) 줍기
V 넥 끝부분 뜨는 법
겉뜨기는 겉뜨기로, 안뜨기는 안뜨기로 덮어씌워 코막음.
(26코)
(26코)
(1코)

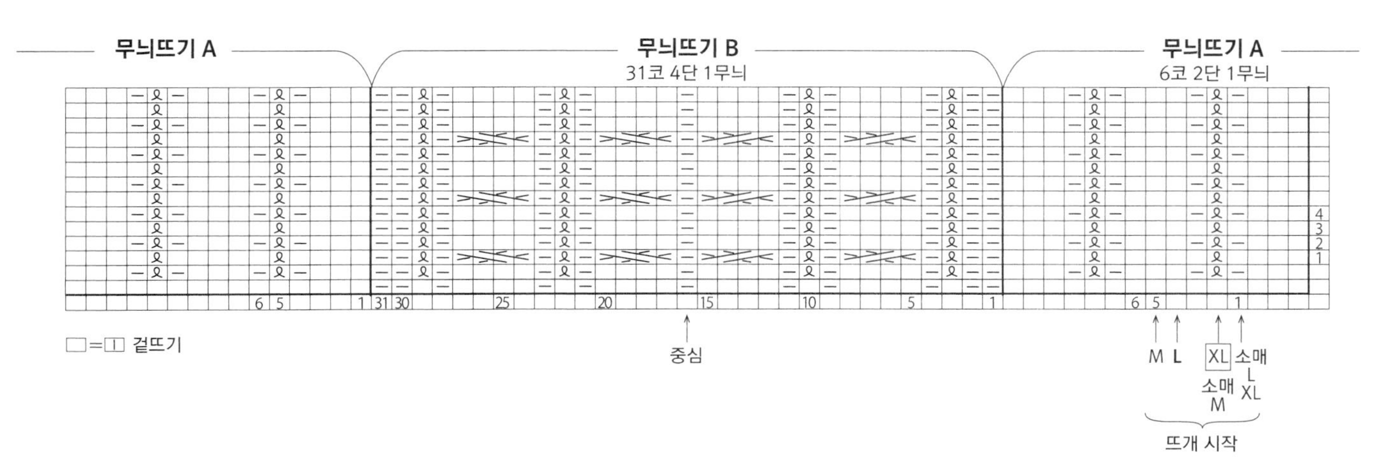
무늬뜨기 A
무늬뜨기 B
31코 4단 1무늬
무늬뜨기 A
6코 2단 1무늬
□=□ 겉뜨기
중심
M L XL 소매 L XL
소매 M
뜨개 시작

→ NO. 8 V 넥 스웨터에서 이어짐

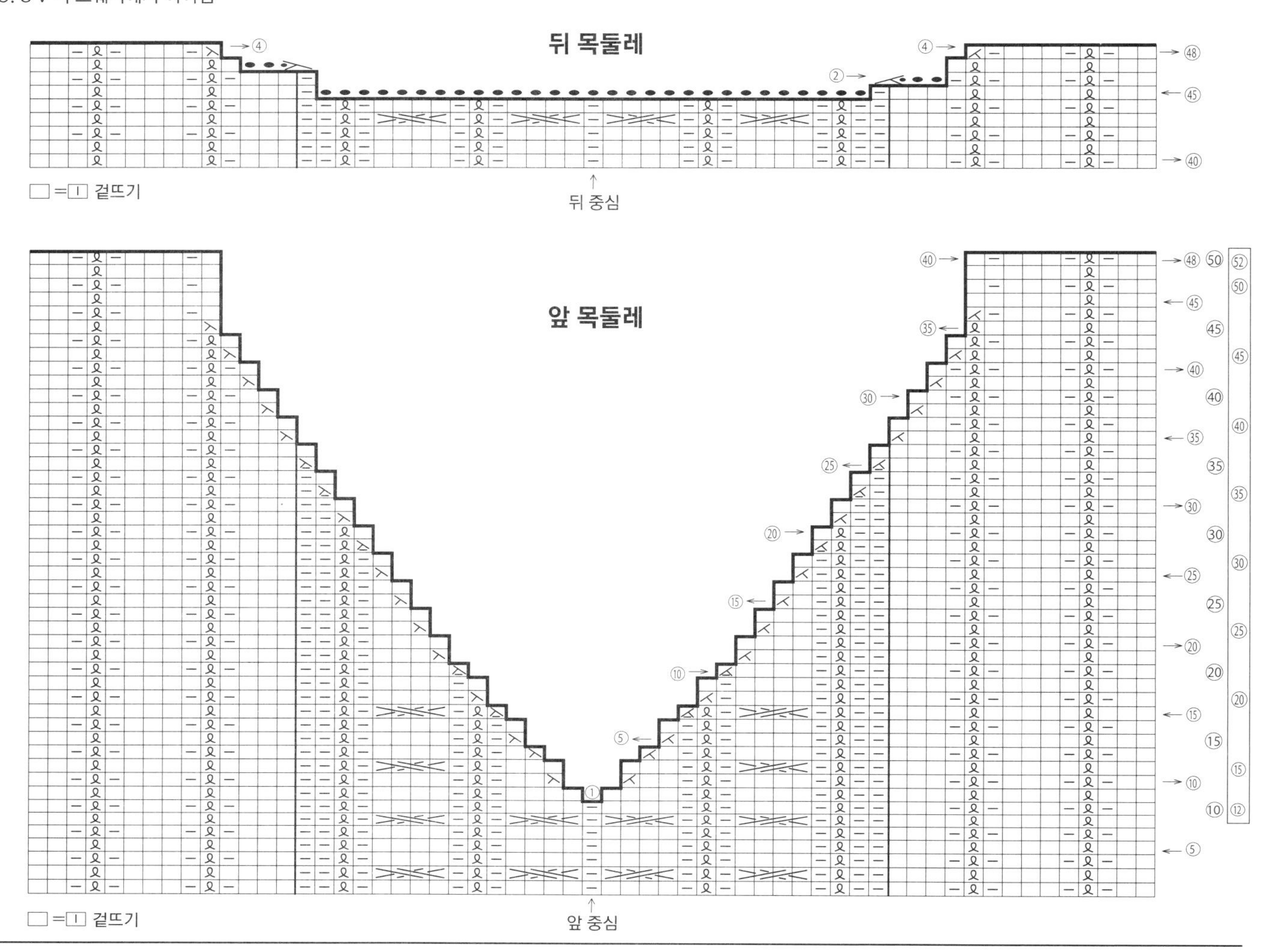

→ NO. 7 래글런 아란 스웨터에서 이어짐

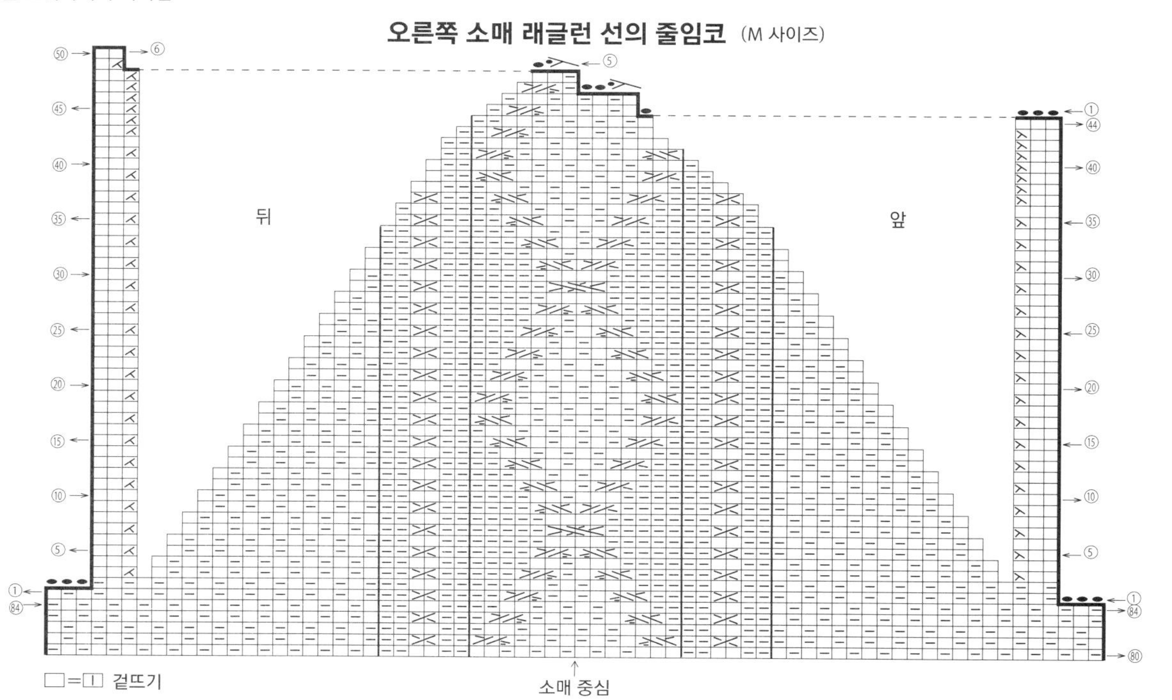

NO. 25

리브 스티치 머플러

photo » p.29

준비물

[실] 하마나카 아메리 L (극태)
차콜 그레이 (111) 200g = 5볼

[바늘] 대바늘 13호

게이지

가로세로 각각 10cm 2코 고무뜨기 : 20코×15.5단

완성 사이즈

폭 17cm, 길이 145cm

뜨개 포인트

- 손가락으로 걸어 시작코를 만들어 뜨기 시작해서, 2코 고무뜨기로 224단까지 뜹니다.
- 뜨개 마무리는 겉뜨기는 겉뜨기, 안뜨기는 안뜨기로 덮어씌워 코막음을 합니다.

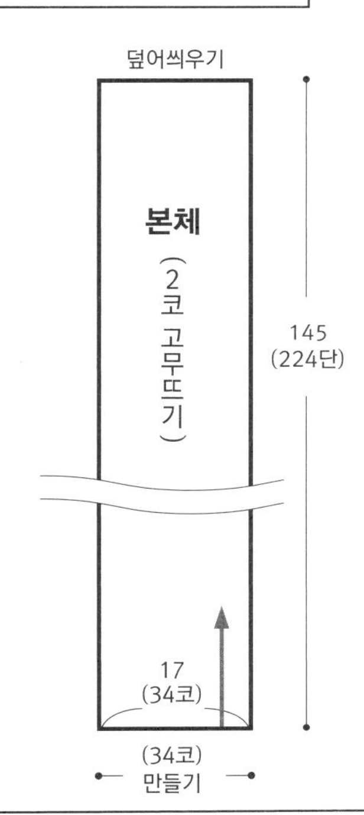

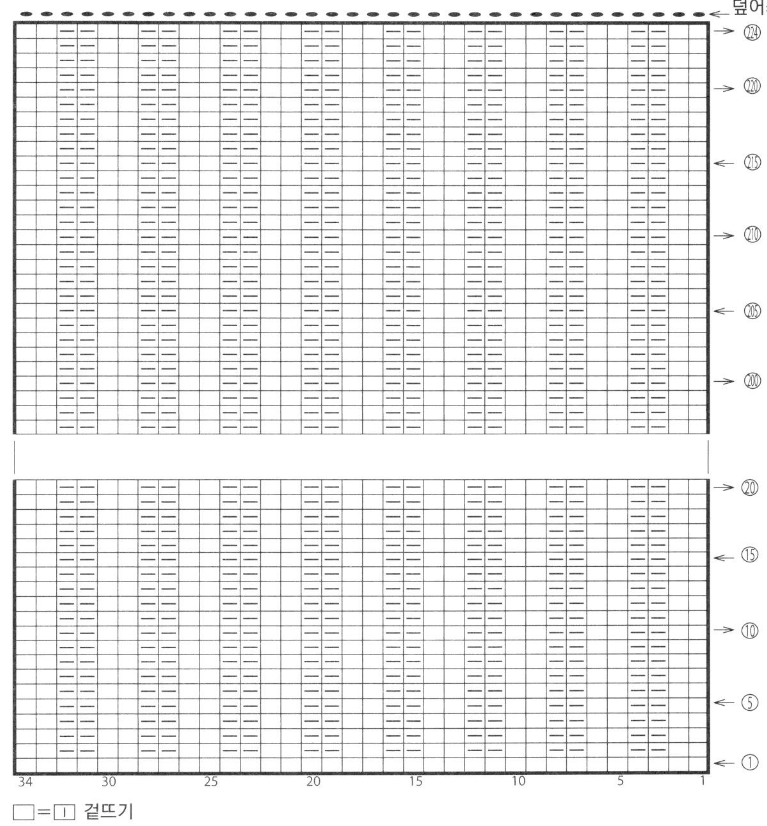

오른코 위 돌려 교차뜨기 (아래쪽 안뜨기)

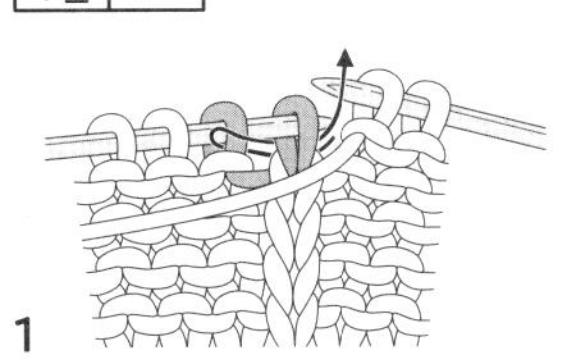

1 실을 앞쪽에 두고, 오른쪽 코 뒤쪽에서 왼쪽 코에 화살표 방향으로 바늘을 넣습니다.

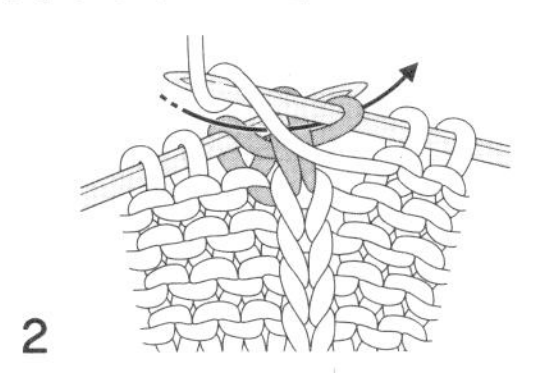

2 오른쪽 코의 오른쪽으로 바늘을 넣은 코를 빼내어 안뜨기를 합니다.

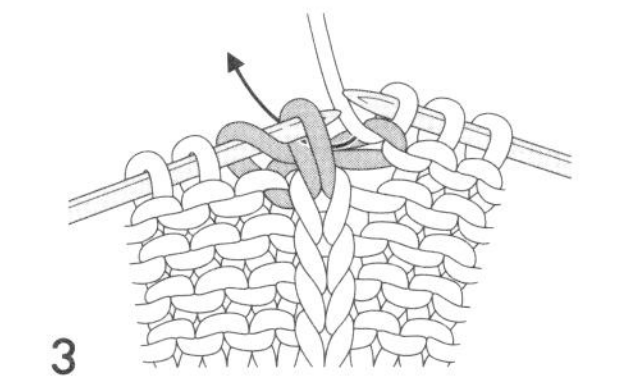

3 그대로 오른쪽 코에 화살표 방향으로 바늘을 넣어 겉뜨기를 합니다.

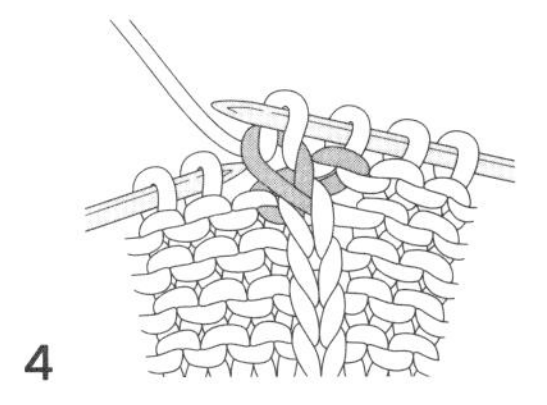

4 왼쪽 바늘에서 2코를 빼면 완성입니다.

왼코 위 돌려 교차뜨기 (아래쪽 안뜨기)

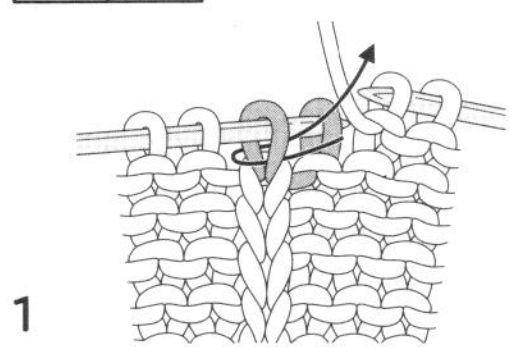

1 왼쪽 코에 화살표 방향으로 바늘을 넣어 오른쪽으로 빼냅니다.

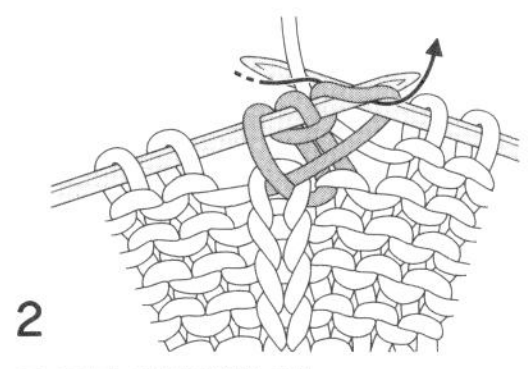

2 그 코를 겉뜨기합니다.

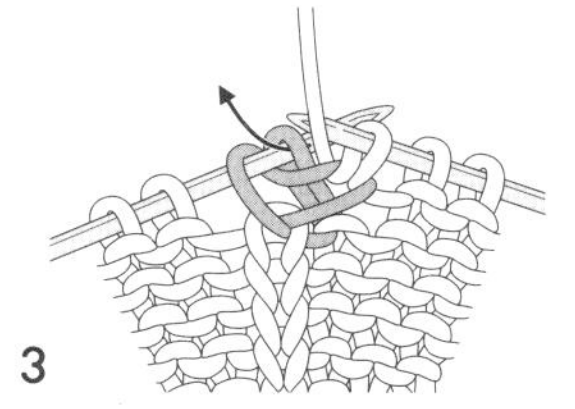

3 실을 앞쪽에 두고, 그 상태에서 오른쪽 코를 안뜨기합니다.

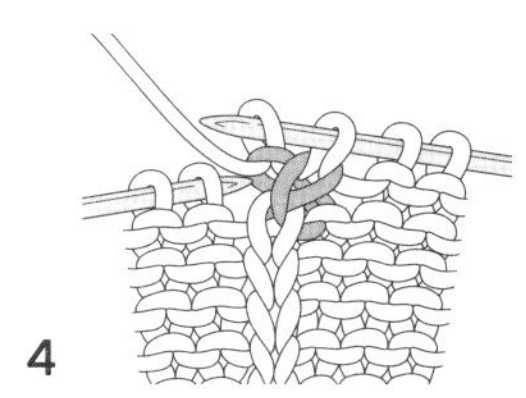

4 왼쪽 바늘에서 2코를 빼면 완성입니다.

NO. 10

아란 재킷

photo » p.15

준비물

[실] 하마나카 아란 트위드
미색 (1) 670g = 17볼 (M 사이즈)
L·XL 사이즈 대략적인 양 :
19볼 (L 사이즈), 20볼 (XL 사이즈)
[바늘] 대바늘 7호, 8호
[그 외] 지름 2.5cm (목제) 단추 7개

게이지

가로세로 각각 10cm 메리야스뜨기 : 17코×24단,
무늬뜨기 A · B : 24코×24단

완성 사이즈

	가슴둘레	기장	화장
M	108cm	66cm	82cm
L	112cm	69cm	84cm
XL	118cm	72cm	87cm

※ 사이즈별 표기가 없는 부분은 공통

뜨개 포인트

- 몸판은 손가락으로 걸어 시작코를 만들고, 아랫단에서부터 뜨기 시작합니다. 래글런 선은 끝의 2코를 세우는 줄임코, 앞 목둘레의 줄임코는 2코 이상은 덮어씌우기, 1코는 끝의 1코를 세우는 줄임코를 합니다. 앞 몸판은 앞단을 이어서 뜹니다. 왼쪽 앞단에는 단춧구멍을 만듭니다.
- 소매는 몸판과 같은 시작코로 뜨기 시작합니다. 밑소매는 1코 안쪽에서 돌려뜨기로 코 늘리기를 합니다.
- 옆선과 래글런 선을 돗바늘로 꿰매고, 진동 둘레를 메리야스 잇기로 합니다. 목둘레는 몸판과 소매에서 코를 주워 1코 고무뜨기를 하고, 뜨개 마무리는 뒷면에서 겉뜨기와 안뜨기를 구분해서 덮어씌워 코막음을 합니다. 오른쪽 앞단에는 단추를 답니다.

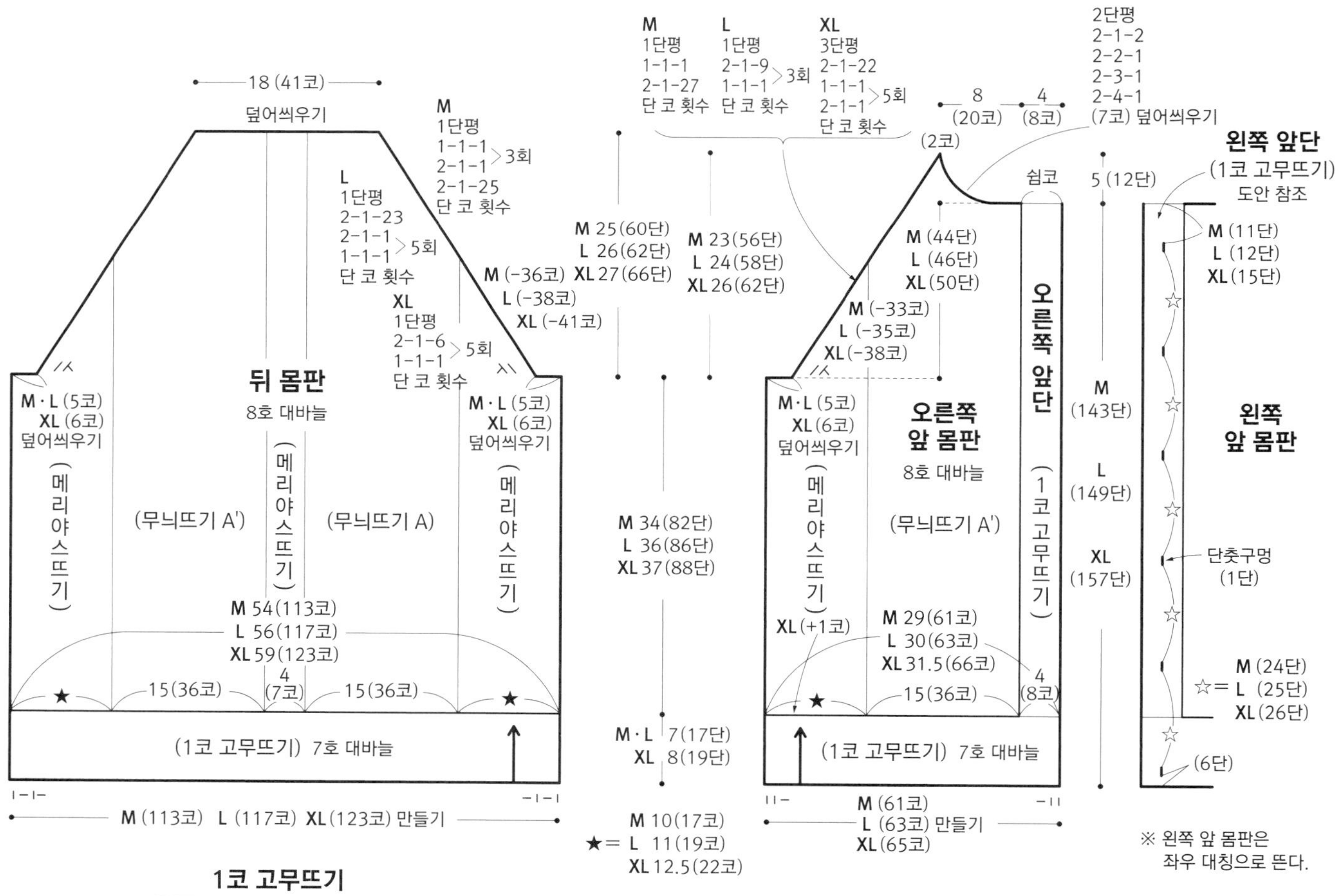

1코 고무뜨기

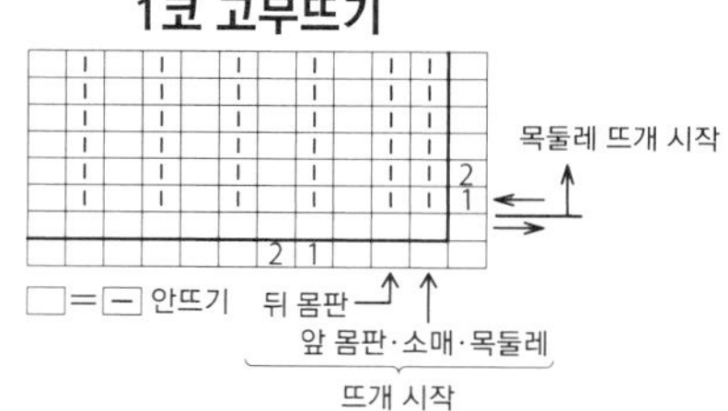

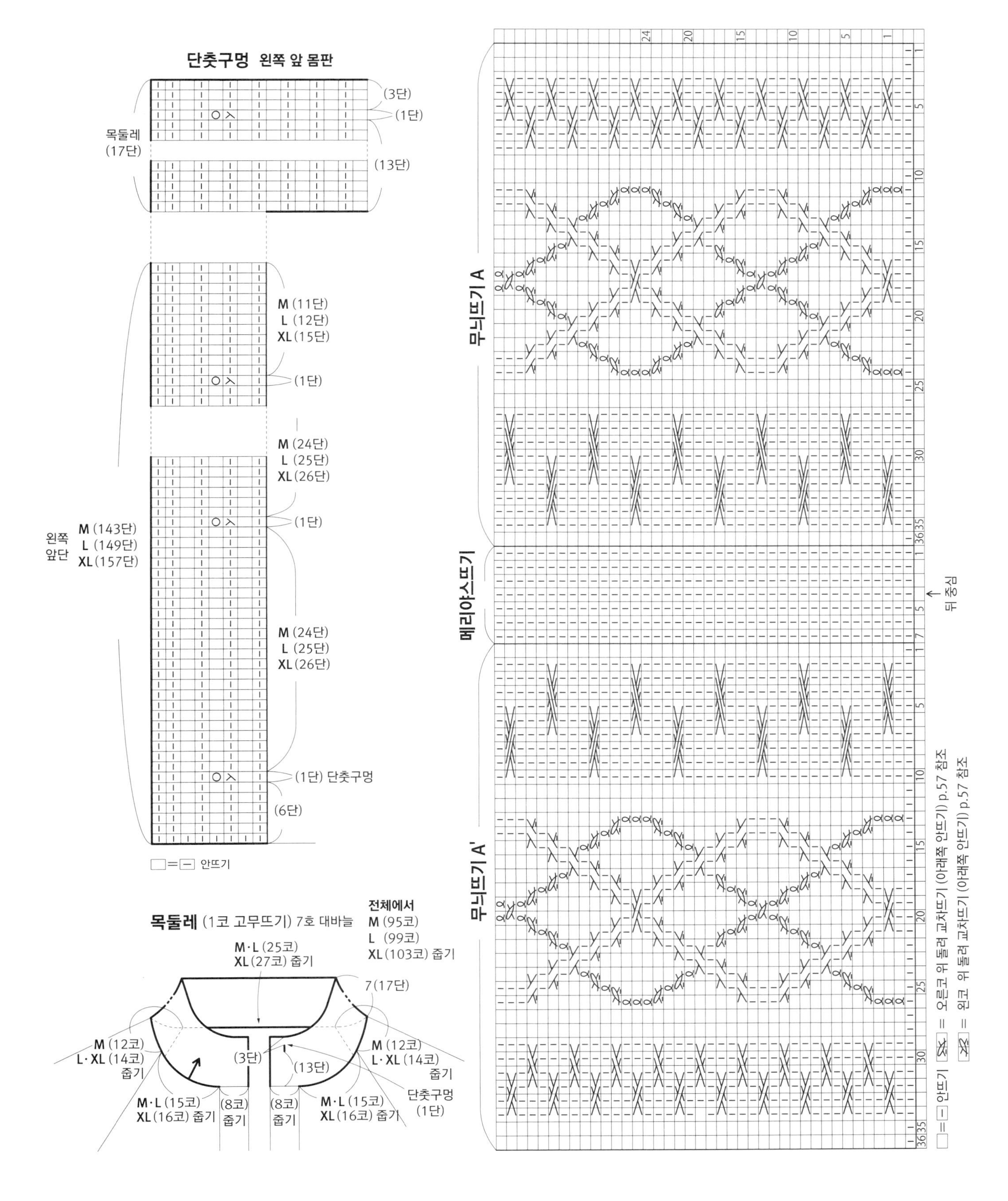

단춧구멍 왼쪽 앞 몸판
(3단)
(1단)
목둘레
(17단)
(13단)
M (11단)
L (12단)
XL (15단)
(1단)
M (24단)
L (25단)
XL (26단)
(1단)
왼쪽
앞단
M (143단)
L (149단)
XL (157단)
M (24단)
L (25단)
XL (26단)
(1단) 단춧구멍
(6단)
□=― 안뜨기
목둘레 (1코 고무뜨기) 7호 대바늘
전체에서
M (95코)
L (99코)
XL (103코) 줍기
M·L (25코)
XL (27코) 줍기
7 (17단)
M (12코)
L·XL (14코)
줍기
(3단)
(13단)
M (12코)
L·XL (14코)
줍기
단춧구멍
(1단)
M·L (15코)
XL (16코) 줍기
(8코)
줍기
(8코)
줍기
M·L (15코)
XL (16코) 줍기
무늬뜨기 A
메리야스뜨기
뒤 중심
무늬뜨기 A'
□=― 안뜨기
= 오른코 위 돌려 교차뜨기 (아래쪽 안뜨기) p.57 참조
= 왼코 위 돌려 교차뜨기 (아래쪽 안뜨기) p.57 참조

→ NO. 10 아란 재킷에서 이어짐

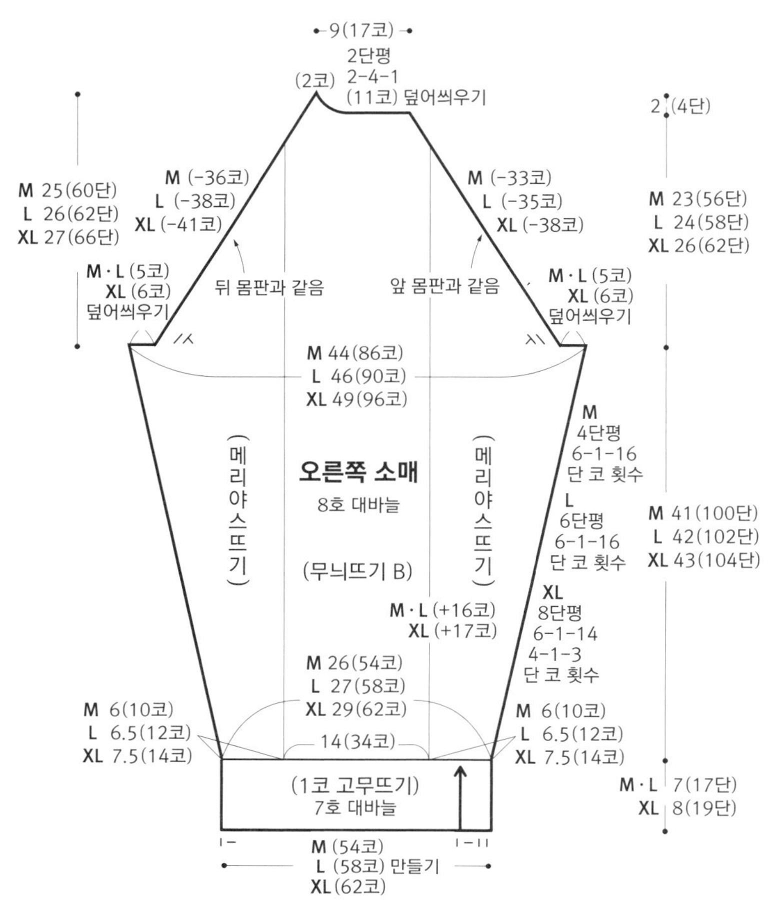

※ 왼쪽 소매는 대칭으로 뜬다.

무늬뜨기 B

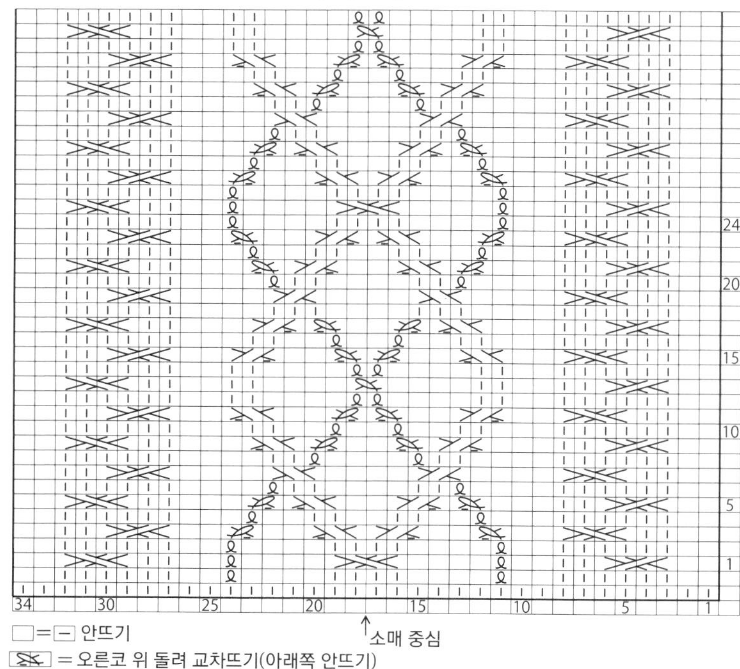

 = 안뜨기

= 오른코 위 돌려 교차뜨기(아래쪽 안뜨기)

= 왼코 위 돌려 교차뜨기(아래쪽 안뜨기) P.57 참조

NO. 9

아란 머플러

photo » p.14

준비물

[실] 하마나카 아란 트위드
미색 (1) 260g = 7볼

[바늘] 대바늘 8호, 6호

게이지

무늬뜨기 A (1무늬) : 약 10코로 5.5cm · 3.5cm로 8단

무늬뜨기 B (1무늬) : 약 22코로 8cm · 12.5cm로 28단

완성 사이즈

폭 23cm, 길이 179cm

뜨개 포인트

● 손가락으로 걸어 시작코를 만들어 뜨기 시작합니다. 멍석뜨기와 2코 고무뜨기, 무늬뜨기를 증감 없이 뜹니다. 뜨개 마무리는 겉뜨기와 안뜨기를 구분해서 덮어씌워 코막음을 합니다.

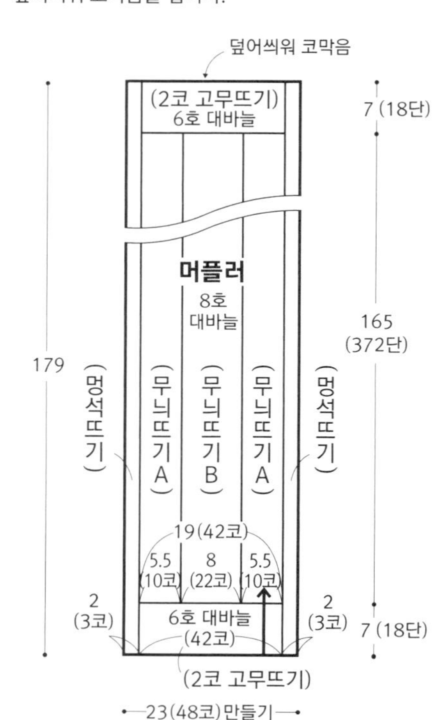

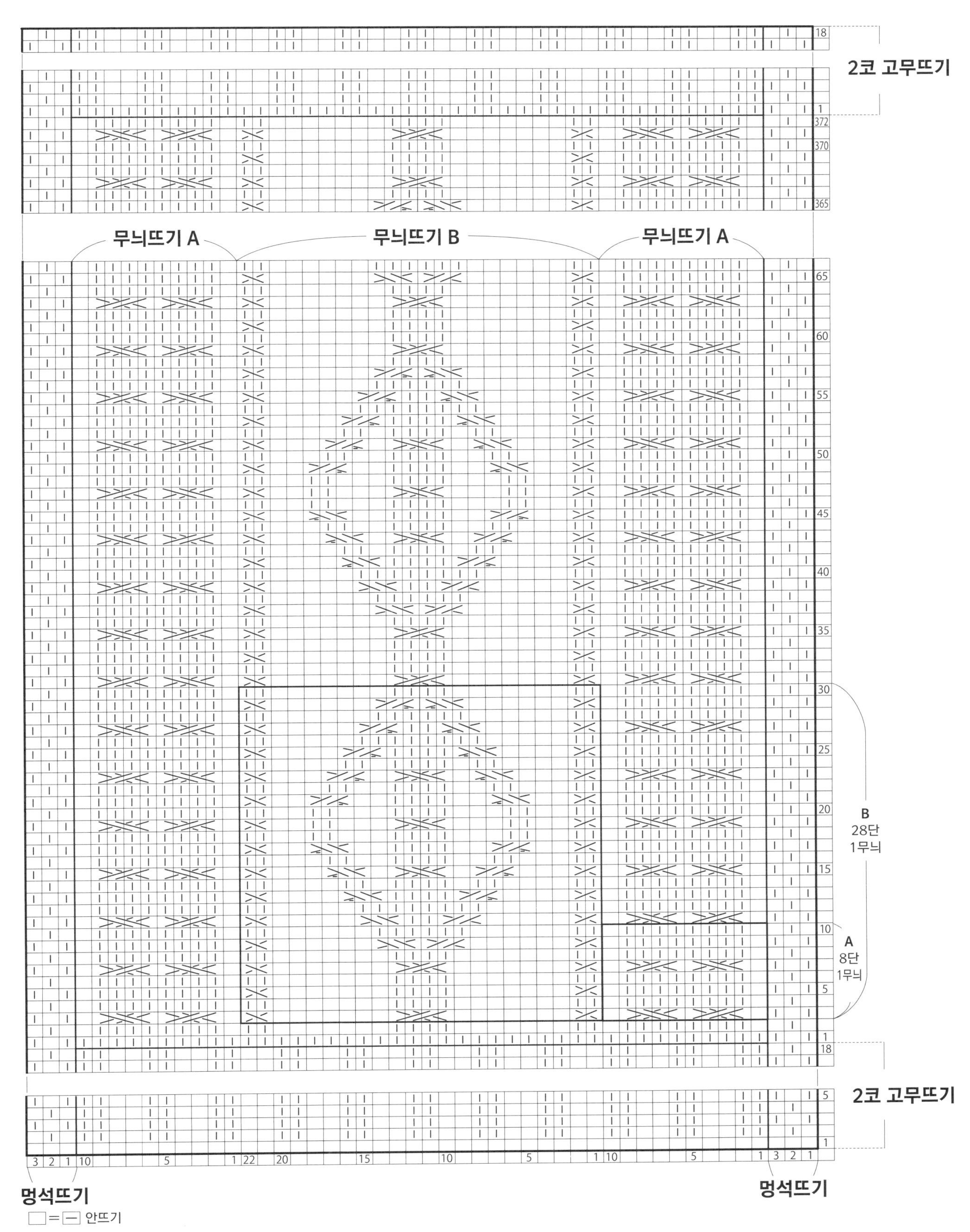
2코 고무뜨기
무늬뜨기 A
무늬뜨기 B
무늬뜨기 A
B
28단
1무늬
A
8단
1무늬
2코 고무뜨기
멍석뜨기
멍석뜨기
□=— 안뜨기

NO. 11

건지 스웨터

photo » p.16

준비물

[실] 하마나카 맨즈 클럽 마스터
블루 (66) 610g = 13볼 (M 사이즈)
L·XL 사이즈 대략적인 양 :
14볼 (L 사이즈), 15볼 (XL 사이즈)

[바늘] 대바늘 12호, 11호, 10호

게이지

가로세로 각각 10cm 메리야스뜨기 : 14코×21단
무늬뜨기 A : 20코×21단, 무늬뜨기 B·C : 13코×21단

완성 사이즈

	가슴둘레	어깨너비	기장	소매길이
M	108cm	44cm	65.5cm	57.5cm
L	114cm	46cm	69.5cm	60cm
XL	120cm	49cm	74.5cm	63cm

※ 사이즈별 표기가 없는 부분은 공통

뜨개 포인트

- 몸판은 손가락으로 걸어 시작코를 만들고, 2코 고무뜨기부터 뜹니다. 진동 둘레와 목둘레의 줄임코는 2코 이상은 덮어씌우기, 1코는 끝의 1코를 세우는 줄임코를 합니다.
- 소매는 몸판과 같은 시작코로 뜨기 시작합니다. 밑소매는 1코 안쪽에서 돌려뜨기로 코 늘리기를 합니다.
- 어깨는 덮어씌워 잇기를 하고, 옆선과 밑소매는 돗바늘로 꿰맵니다. 목둘레는 2코 고무뜨기를 하고, 뜨개 마무리는 겉뜨기는 겉뜨기로, 안뜨기는 안뜨기로 덮어씌워 코막음을 합니다.

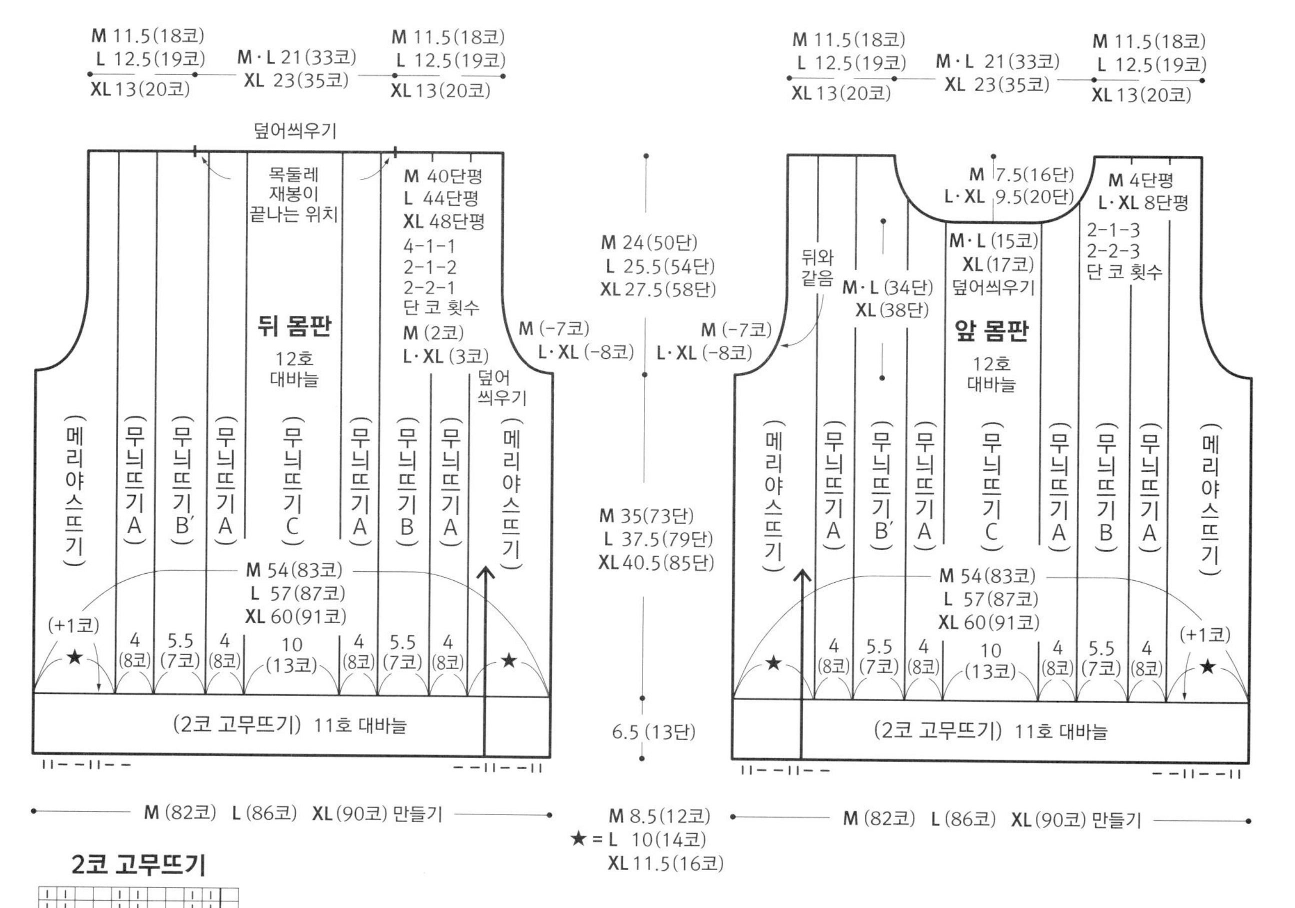

2코 고무뜨기

□=⊟ 안뜨기

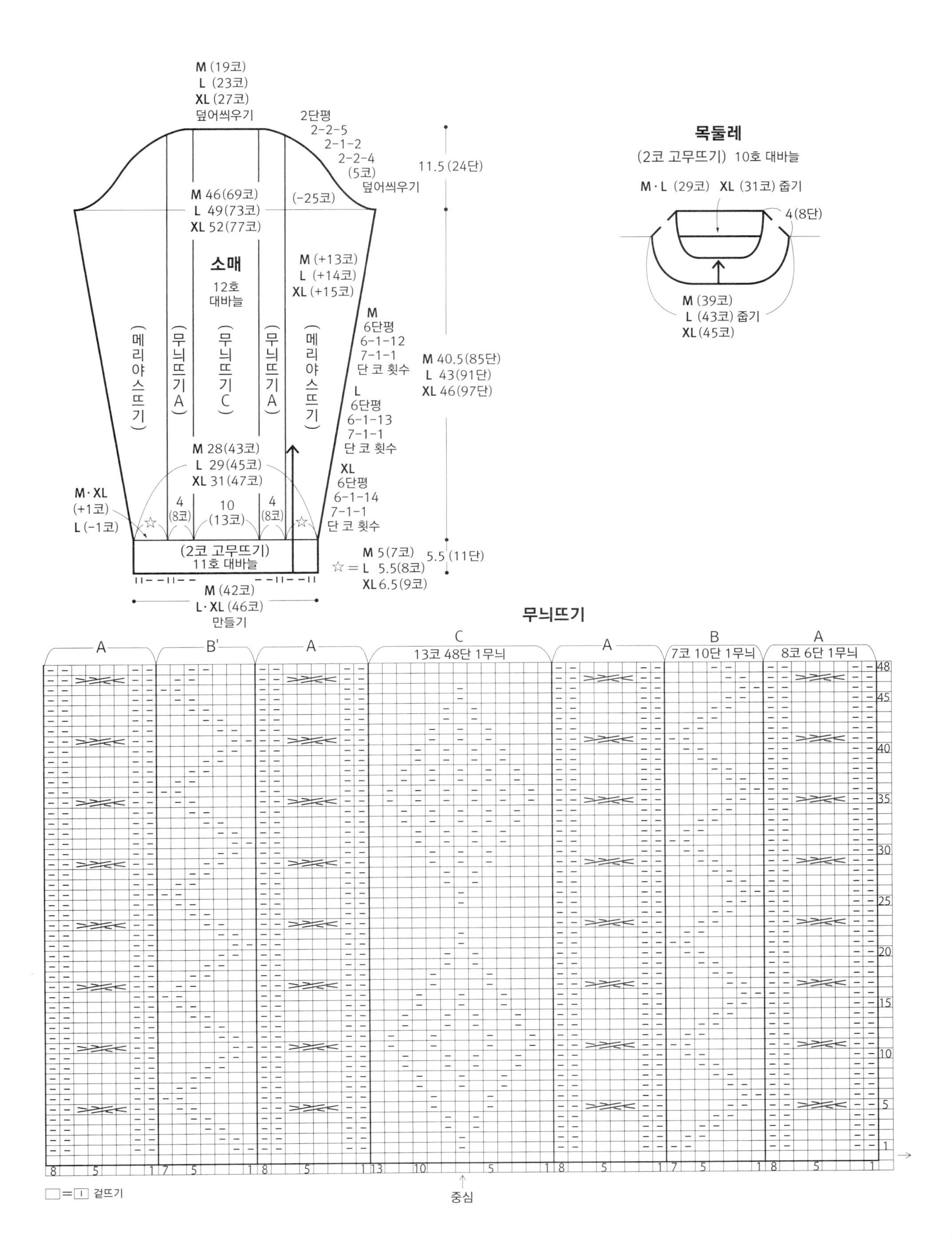
M (19코)
L (23코)
XL (27코)
덮어씌우기
2단평
2-2-5
2-1-2
2-2-4
(5코)
덮어씌우기
11.5 (24단)
M 46(69코)
L 49(73코)
XL 52(77코)
(-25코)
소매
12호
대바늘
M (+13코)
L (+14코)
XL (+15코)
(메리야스뜨기)
(무늬뜨기 A)
(무늬뜨기 C)
(무늬뜨기 A)
(메리야스뜨기)
M
6단평
6-1-12
7-1-1
단 코 횟수
M 40.5(85단)
L 43(91단)
XL 46(97단)
L
6단평
6-1-13
7-1-1
단 코 횟수
M 28(43코)
L 29(45코)
XL 31(47코)
XL
6단평
6-1-14
7-1-1
단 코 횟수
M·XL
(+1코)
L (-1코)
4
(8코)
10
(13코)
4
(8코)
(2코 고무뜨기)
11호 대바늘
M 5(7코)
☆ = L 5.5(8코)
XL 6.5(9코)
5.5 (11단)
M (42코)
L·XL (46코)
만들기
목둘레
(2코 고무뜨기) 10호 대바늘
M·L (29코) XL (31코) 줍기
4(8단)
M (39코)
L (43코) 줍기
XL (45코)
무늬뜨기
A
B'
A
C
13코 48단 1무늬
A
B
7코 10단 1무늬
A
8코 6단 1무늬
48
45
40
35
30
25
20
15
10
5
1
8 5 1 7 5 1 8 5 1 13 10 5 1 8 5 1 7 5 1 8 5 1
□=I 겉뜨기
중심

NO. 12

케이블 무늬 재킷

photo » p.17

준비물

[실] 하마나카 아란 트위드
차콜 그레이 (9) 655g = 17볼 (M 사이즈)
L·XL 사이즈 대략적인 양 :
18볼 (L 사이즈), 19볼 (XL 사이즈)
[바늘] 대바늘 7호, 10호
[그 외] 지름 18mm (검정) 단추 10개

게이지

가로세로 각각 10cm 메리야스뜨기 : 15코×23단,
무늬뜨기 A · B · C : 19코×25단

완성 사이즈

	가슴둘레	기장	화장
M	106.5cm	65cm	78cm
L	110.5cm	67cm	80.5cm
XL	114.5cm	68.5cm	82.5cm

뜨개 포인트

- 몸판과 소매는 별도 사슬로 시작코를 만들어 뜨기 시작합니다. 래글런 선은 끝의 3코를 세우는 줄임코로 합니다. 앞 몸판의 주머니 입구에는 보조실을 떠 넣어둡니다. 목둘레의 줄임코는 2코 이상은 덮어씌우기, 1코는 끝의 1코를 세우는 줄임코를 합니다. 밑소매의 늘림코는 2코 안쪽에서 돌려뜨기로 코 늘리기를 합니다. 보조실을 풀어 코를 줍고, 주머니 뒷면과 입구를 뜹니다. 아랫단과 소맷부리는 시작코의 사슬을 풀어 코를 줍고, 1코 고무뜨기를 합니다. 뜨개 마무리는 1코 고무뜨기 코막음을 합니다. 앞단은 손가락으로 걸어 시작코를 만들고, 1코 고무뜨기로 뜹니다.
- 래글런 선과 옆선, 앞단, 밑소매는 돗바늘로 꿰맵니다. 겨드랑이 폭 부분은 빼뜨기로 잇습니다. 목 부분은 앞단, 목둘레, 소매에서 코를 주워 1코 고무뜨기 하고, 이중이 되도록 안쪽으로 접어 휘감아 꿰맵니다. 앞단에 단추를 답니다.

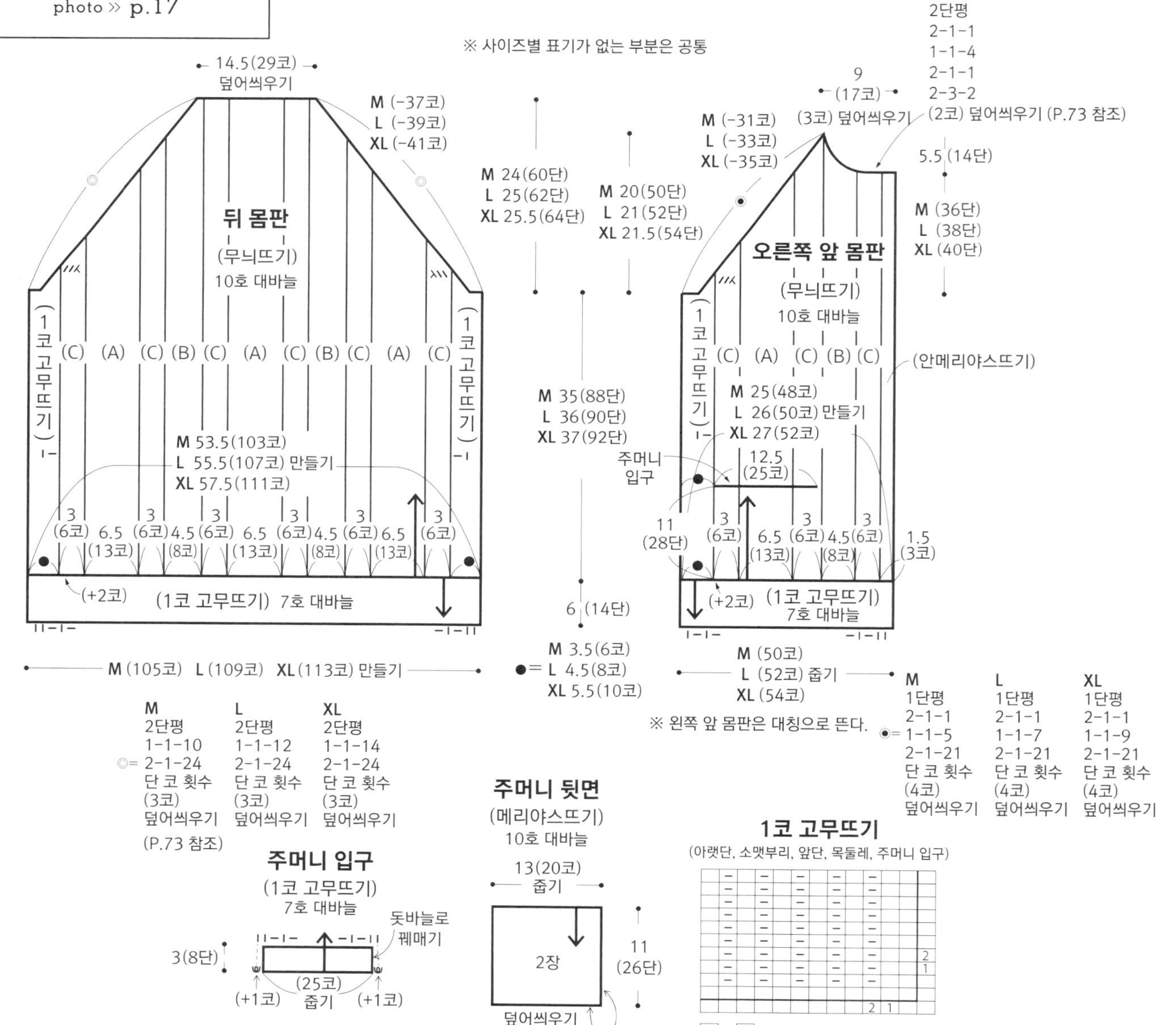

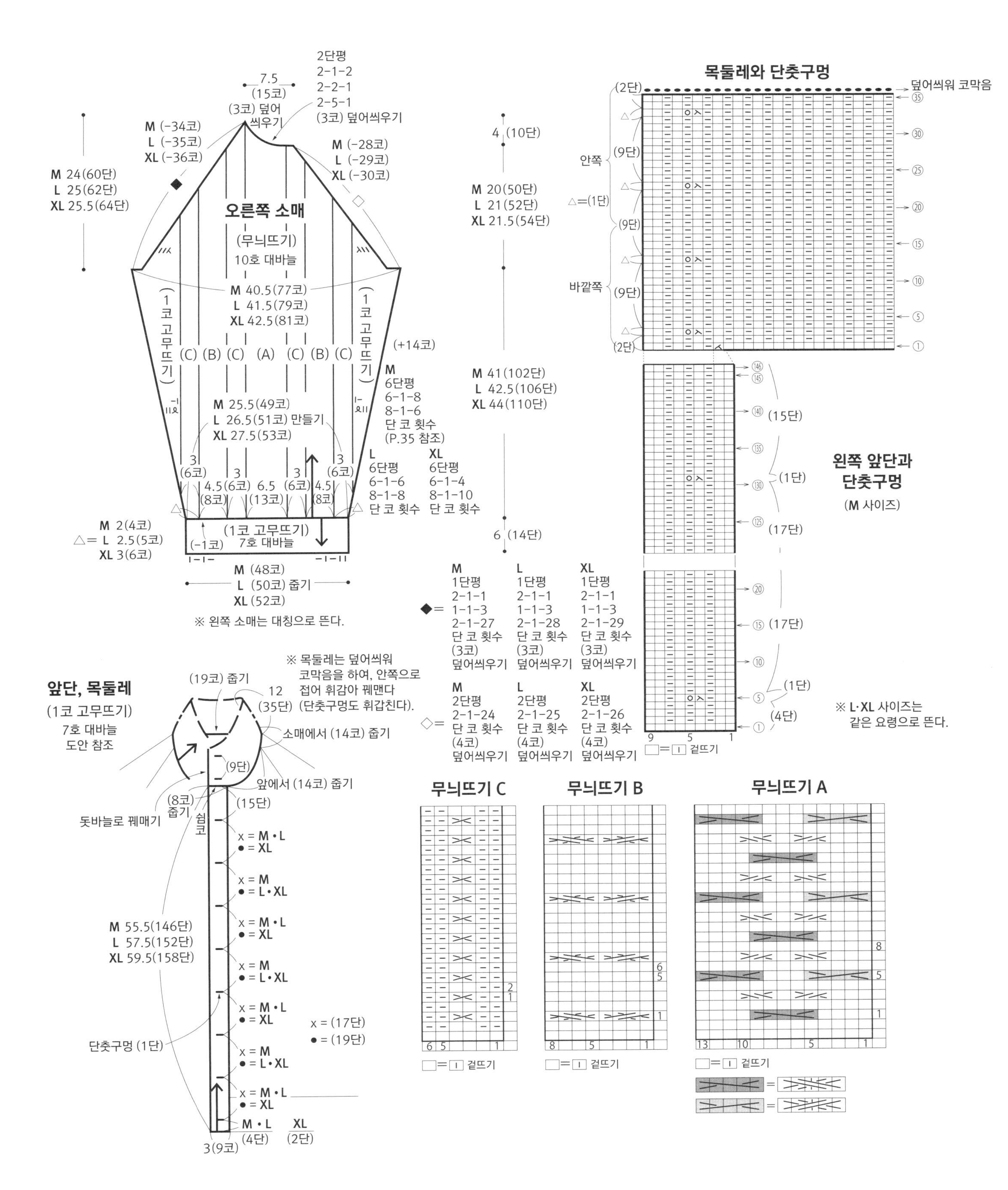

오른쪽 소매
(무늬뜨기)
10호 대바늘
7.5
(15코)
(3코) 덮어씌우기
2단평
2-1-2
2-2-1
2-5-1
(3코) 덮어씌우기
M (-34코)
L (-35코)
XL (-36코)
M (-28코)
L (-29코)
XL (-30코)
M 24(60단)
L 25(62단)
XL 25.5(64단)
M 40.5(77코)
L 41.5(79코)
XL 42.5(81코)
(1코 고무뜨기)
(C) (B) (C) (A) (C) (B) (C)
(+14코)
M
6단평
6-1-8
8-1-6
단 코 횟수
(P.35 참조)
M 25.5(49코)
L 26.5(51코) 만들기
XL 27.5(53코)
L
6단평
6-1-6
8-1-8
단 코 횟수
XL
6단평
6-1-4
8-1-10
단 코 횟수
3 (6코) 4.5 (8코) 3 (6코) 6.5 (13코) 3 (6코) 4.5 (8코) 3 (6코)
M 2(4코)
△= L 2.5(5코)
XL 3(6코)
(1코 고무뜨기)
7호 대바늘
(-1코)
M (48코)
L (50코) 줍기
XL (52코)
※ 왼쪽 소매는 대칭으로 뜬다.
4 (10단)
M 20(50단)
L 21(52단)
XL 21.5(54단)
M 41(102단)
L 42.5(106단)
XL 44(110단)
6 (14단)
◆=
M
1단평
2-1-1
1-1-3
2-1-27
단 코 횟수
(3코)
덮어씌우기
L
1단평
2-1-1
1-1-3
2-1-28
단 코 횟수
(3코)
덮어씌우기
XL
1단평
2-1-1
1-1-3
2-1-29
단 코 횟수
(3코)
덮어씌우기
◇=
M
2단평
2-1-24
단 코 횟수
(4코)
덮어씌우기
L
2단평
2-1-25
단 코 횟수
(4코)
덮어씌우기
XL
2단평
2-1-26
단 코 횟수
(4코)
덮어씌우기
목둘레와 단춧구멍
덮어씌워 코막음
(2단)
안쪽
(9단)
△=(1단)
(9단)
바깥쪽
(9단)
(2단)
왼쪽 앞단과
단춧구멍
(M 사이즈)
(15단)
(1단)
(17단)
(17단)
(1단)
(4단)
※ L·XL 사이즈는
같은 요령으로 뜬다.
□=□ 겉뜨기
앞단, 목둘레
(1코 고무뜨기)
7호 대바늘
도안 참조
※ 목둘레는 덮어씌워
코막음을 하여, 안쪽으로
접어 휘감아 꿰맨다
(단춧구멍도 휘갑친다).
(19코) 줍기
12
(35단)
소매에서 (14코) 줍기
(9단)
앞에서 (14코) 줍기
(8코)
줍기
쉼
코
(15단)
돗바늘로 꿰매기
x = M • L
● = XL
x = M
● = L • XL
M 55.5(146단)
L 57.5(152단)
XL 59.5(158단)
x = (17단)
● = (19단)
단춧구멍 (1단)
M • L
(4단)
XL
(2단)
3(9코)
무늬뜨기 C
무늬뜨기 B
무늬뜨기 A
□=□ 겉뜨기

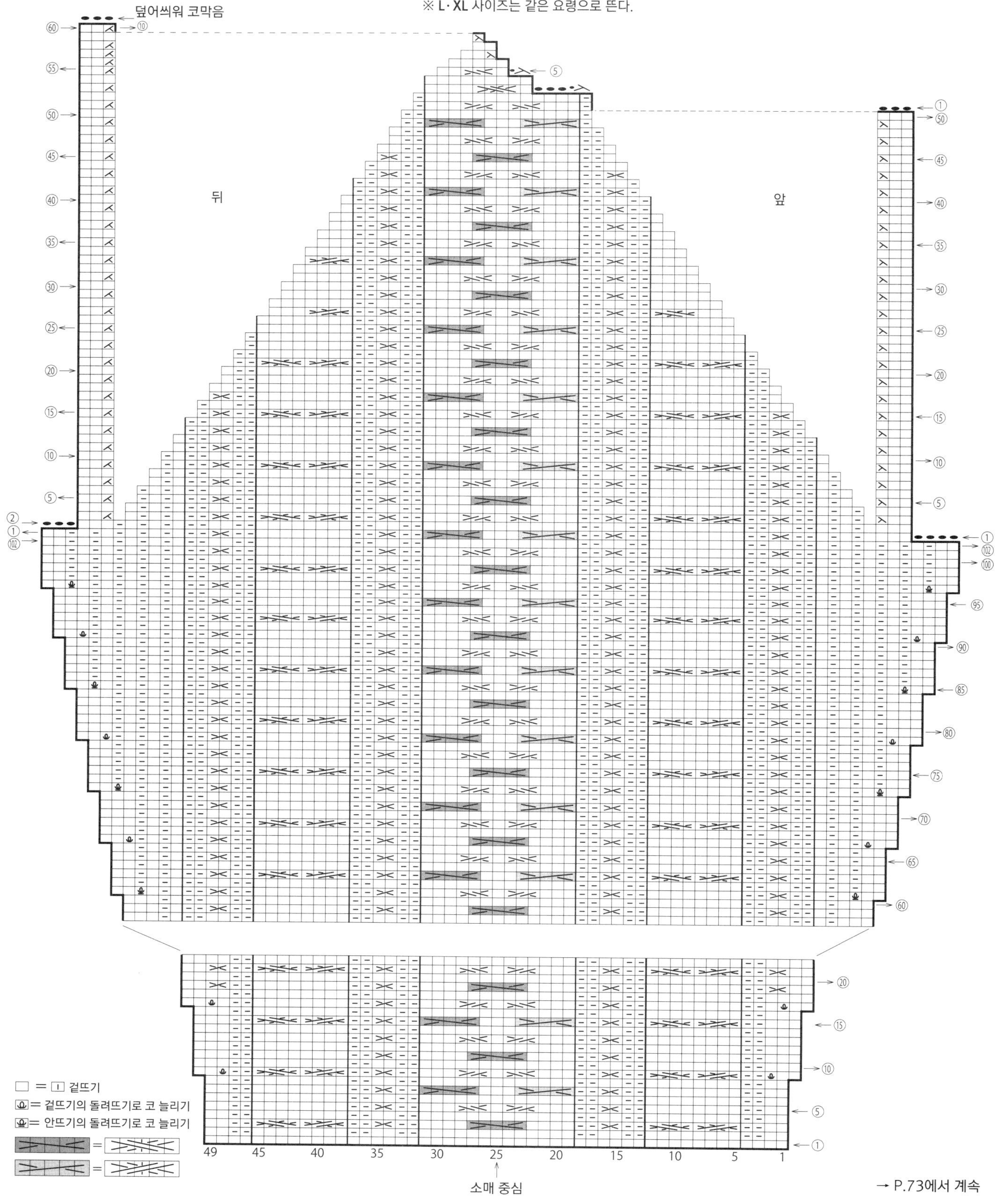

오른쪽 소매 (M 사이즈)
※ L·XL 사이즈는 같은 요령으로 뜬다.
덮어씌워 코막음
뒤
앞
= 겉뜨기
= 겉뜨기의 돌려뜨기로 코 늘리기
= 안뜨기의 돌려뜨기로 코 늘리기
49 45 40 35 30 25 20 15 10 5 1
소매 중심

→ P.73에서 계속

NO. 14

리브 스티치 모자

photo » p.19

준비물

[실] 하마나카 맨즈 클럽 마스터
남색 (69) 70g = 2볼

[바늘] 대바늘 10호

게이지

가로세로 각각 10cm 변형 고무뜨기 : 16코×22.5단

완성 사이즈

머리둘레 44cm, 깊이 29cm

뜨개 포인트

- 별도 사슬로 시작코를 만들어 원형뜨기를 하여, 증감코 없이 2코 고무뜨기를 18단, 변형 고무뜨기를 34단 뜹니다.
- 분산 줄임코를 하면서 변형 고무뜨기를 16단 뜹니다. 마지막 단의 코를 1코 간격으로 걸러 실을 두 겹으로 통과시켜 조입니다.
- 뜨개가 시작되는 사슬을 풀어 코를 주워, 겉뜨기는 겉뜨기, 안뜨기는 안뜨기로 느슨하게 뜨고 덮어씌워 코막음을 합니다.

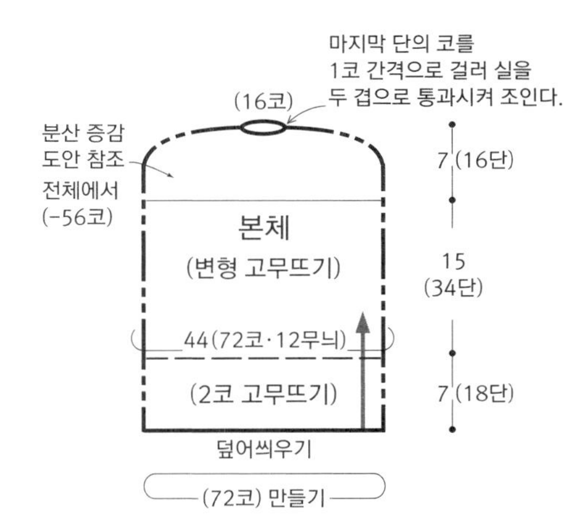

본체

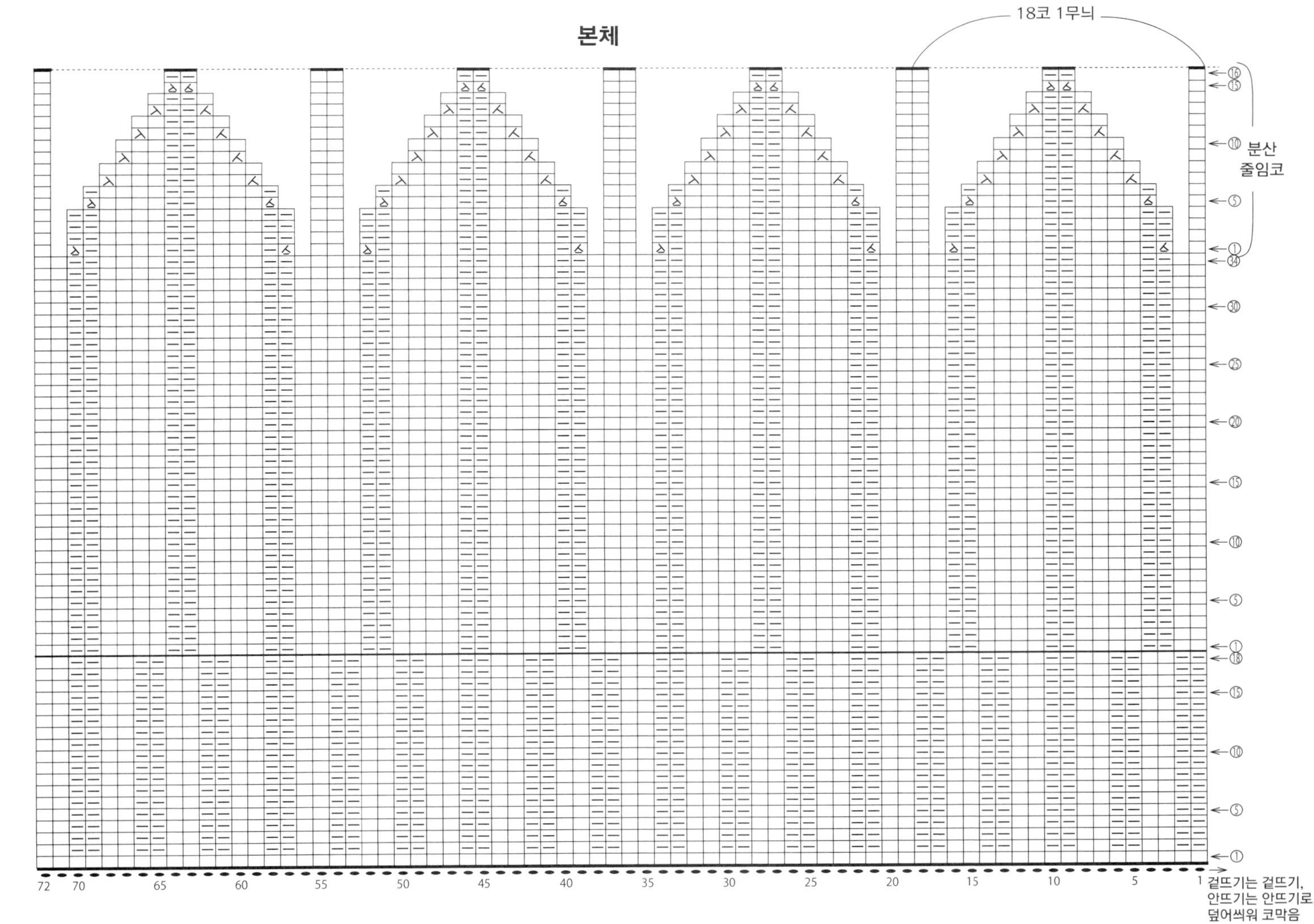

□=□ 겉뜨기

NO. 13

주머니 달린 카디건

photo » p.18

준비물

[실] 하마나카 아메리 L (극태)
차콜 그레이 (111) 740g = 19볼 (M 사이즈)
L·XL 사이즈 대략적인 양 :
20볼 (L 사이즈), 21볼 (XL 사이즈)
[바늘] 대바늘 13호, 12호
[그 외] M·L·XL 공통 / 지름 2.5cm짜리 단추 6개

게이지

가로세로 각각 10cm 무늬뜨기 : 13코×18단

완성 사이즈

	가슴둘레	어깨너비	기장	소매길이
M	110.5cm	42cm	67cm	60cm
L	114.5cm	44cm	69cm	61cm
XL	118.5cm	46cm	71cm	63cm

뜨개 포인트

- 앞뒤 몸판은 손가락으로 걸어 시작코를 만들고 1코 고무뜨기로 뜨기 시작하여 이어서 무늬뜨기를 합니다. 앞 몸판에 있는 주머니 입구의 코는 쉼코로 하여, 미리 만들어둔 주머니 뒷면에서 코를 주워 진행합니다.
- 진동 둘레, 목둘레의 줄임코는 2코 이상은 덮어씌우기, 1코는 끝의 1코를 세우는 줄임코를 합니다. 밑소매의 늘림코는 1코 안쪽에서 돌려뜨기로 코 늘리기를 합니다.
- 주머니 입구는 코를 주워 1코 고무뜨기를 하고, 뜨개 마무리는 겉뜨기는 겉뜨기, 안뜨기는 안뜨기로 덮어씌워 코막음을 합니다. 주머니 입구의 옆은 돗바늘로 꿰매고, 주머니 뒷면의 옆과 바닥은 휘감아 꿰매기를 합니다.
- 어깨는 덮어씌워 잇기를 하고, 옆선과 밑소매는 돗바늘로 꿰매어 합칩니다.
- 목둘레는 앞뒤 몸판에서 코를 주워 1코 고무뜨기를 하고, 뜨개 마무리는 겉뜨기는 겉뜨기, 안뜨기는 안뜨기로 덮어씌워 코막음을 합니다. 앞단은 앞 몸판과 목둘레에서 코를 주워 1코 고무뜨기를 하고, 오른쪽 앞단에 단추를 답니다. 뜨개 마무리는 목둘레와 마찬가지로 덮어씌워 코막음을 합니다.
- 소매는 겉이 맞닿게 겹쳐둔 채 빼뜨기로 꿰매어 합칩니다.

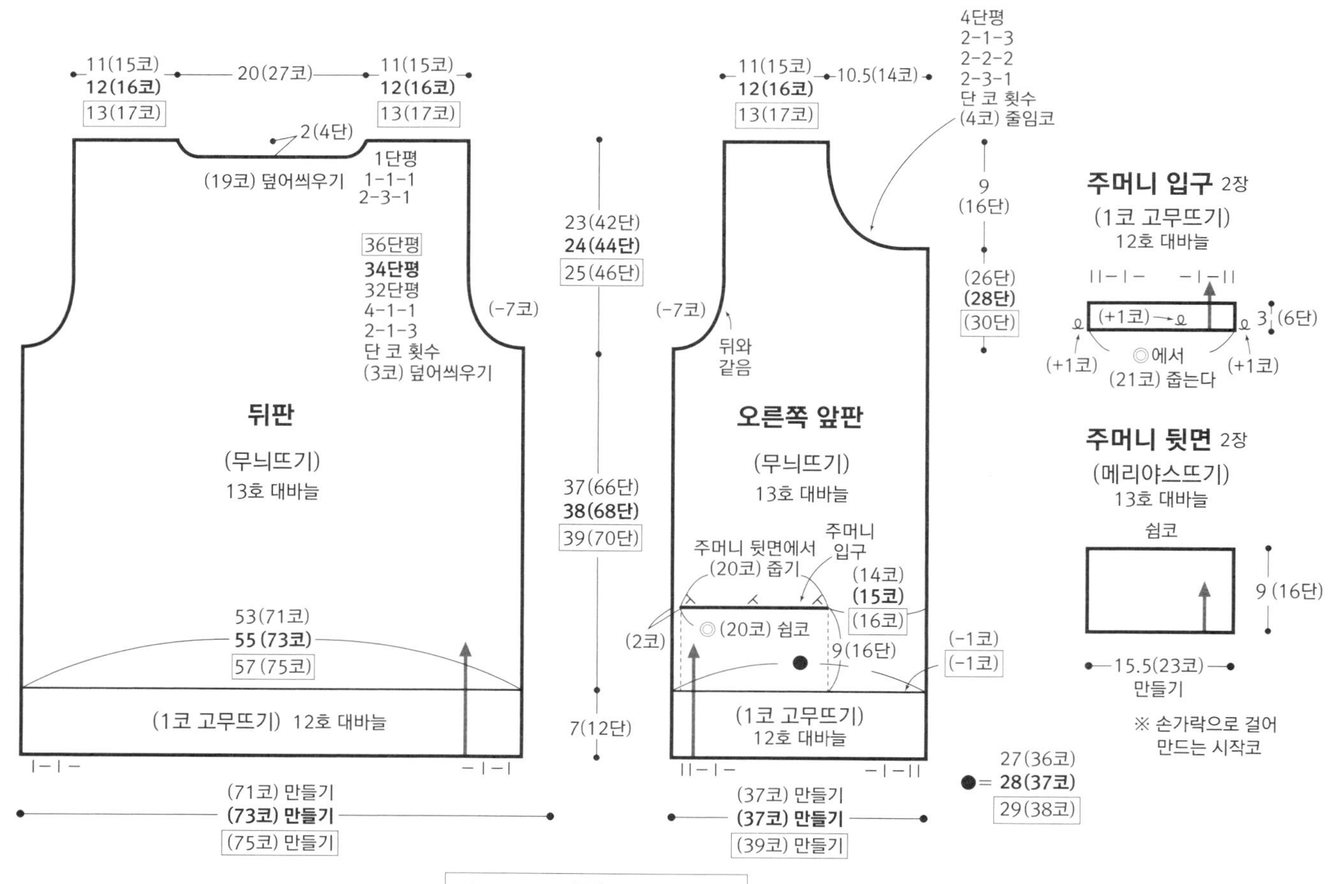

→ NO.13 주머니 달린 카디건에서 이어짐

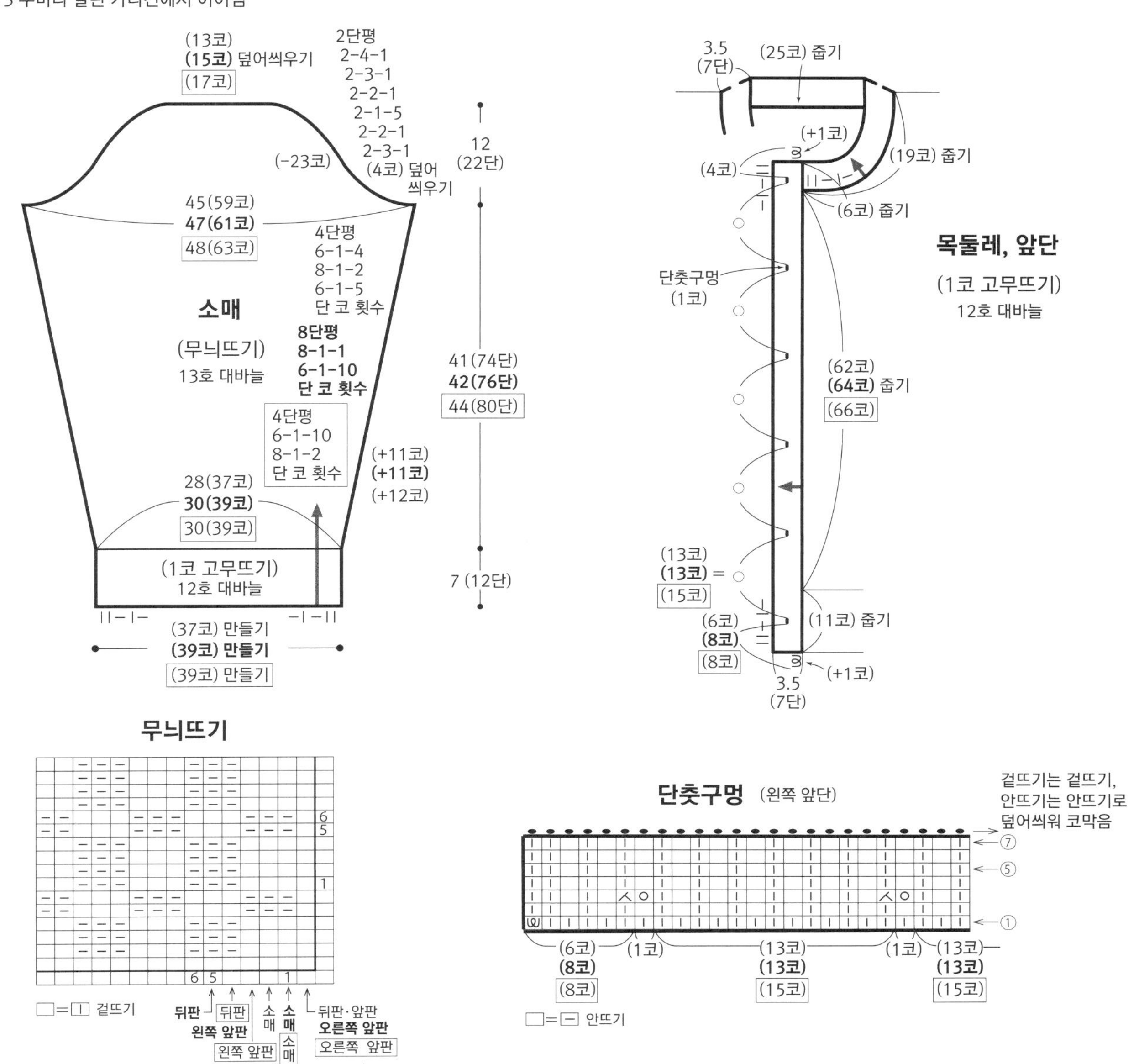

실을 가로로 걸치는 배색무늬 뜨는 법

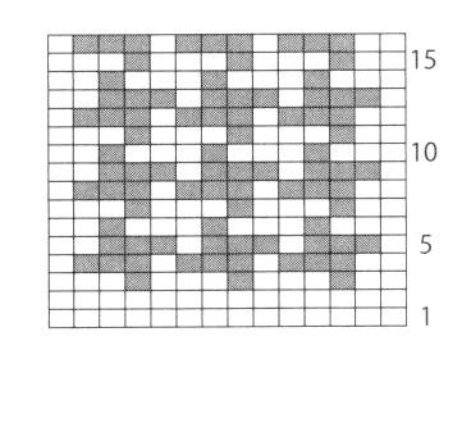

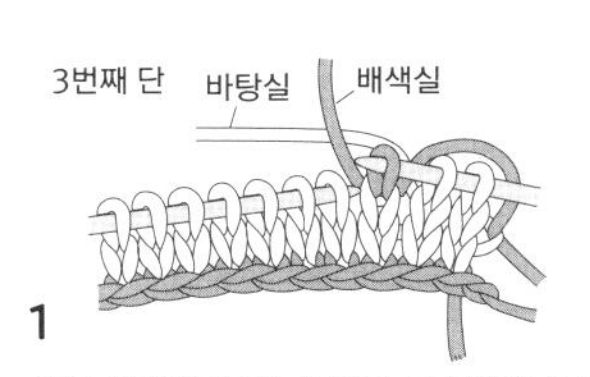

1

실을 앞쪽에 두고, 오른쪽 코 뒤쪽에서 왼쪽 코에 화살표 방향으로 바늘을 넣습니다.

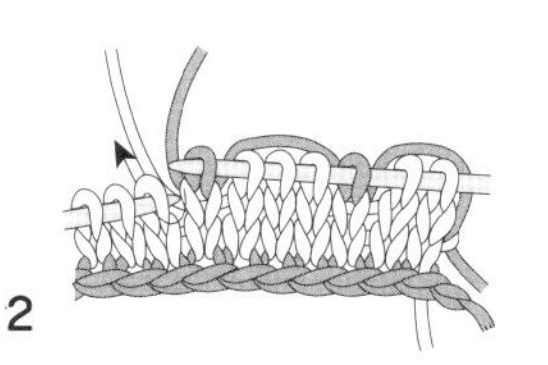

2

오른쪽 코의 오른쪽에 바늘을 넣은 코를 빼내어 안뜨기를 합니다.

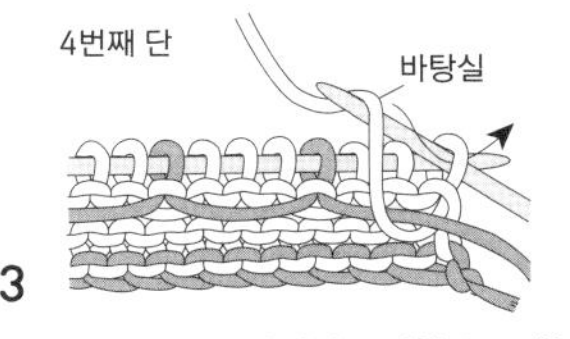

3

그 상태로 오른쪽에 화살표 방향으로 바늘을 넣어 겉뜨기를 합니다.

4

안뜨기 쪽을 뜰 때도, 배색실은 위로, 바탕실은 아래로 걸쳐 지나가게 하여 뜹니다.

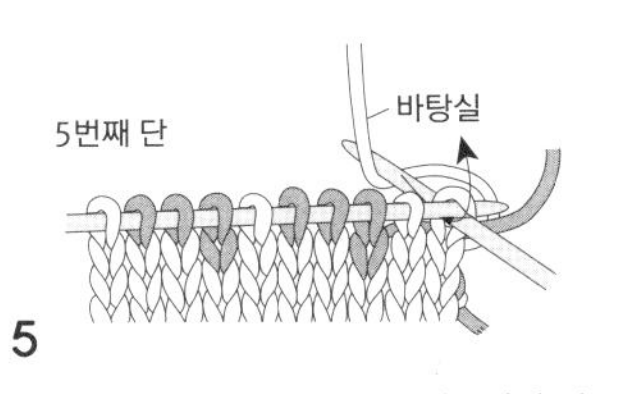

5

단의 뜨개 시작 부분에서는, 뜨는 실에 쉬는 실을 끼운 다음 뜹니다.

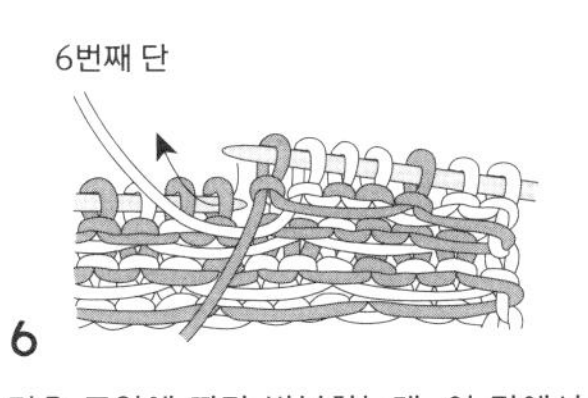

6

기호 도안에 따라 반복하는데, 이 단에서 1무늬가 완성됩니다.

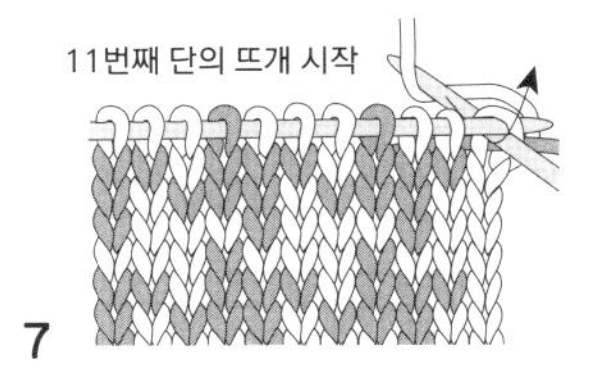

7

4단을 더 진행해서, 새발 격자무늬를 2무늬를 떠 완성합니다.

NO. 16

틸던 스웨터

photo » p.20

준비물

[실] 하마나카 아메리
네이비 블루 (17) 450g = 12볼,
그레이 (22) 30g · 아이스 블루 (10) 15g
= 각 1볼 (L 사이즈)
M·XL 사이즈 대략적인 양 :
네이비 블루 12볼, 그레이 · 아이스 블루 각 1볼 (M 사이즈)
네이비 블루 13볼, 그레이 · 아이스 블루 각 1볼 (XL 사이즈)

[바늘] 대바늘 6호, 4호

완성 사이즈

	가슴둘레	어깨너비	기장	소매길이
M	102cm	42cm	67cm	60cm
L	108cm	43cm	69cm	61.5cm
XL	114cm	46cm	70cm	63cm

게이지

가로세로 각각 10cm 메리야스뜨기 21코 x 28단,
무늬뜨기 24.5코 x 28단

뜨개 포인트

- 몸판은 손가락으로 걸어 시작코를 만들고, 아랫단에서부터 뜨기 시작하여 무늬뜨기의 2단째에 있는 지정 위치에서 늘림코를 합니다. 진동 둘레, 목둘레의 줄임코는 2코 이상은 덮어씌우기, 1코는 끝의 1코를 세우는 줄임코를 합니다. 앞 목둘레는 좌우로 나누어 뜹니다. 어깨는 쉼코로 합니다.
- 소매는 몸판과 같은 시작코로 뜨고, 밑소매는 1코 안쪽에서 돌려뜨기로 코 늘리기를 합니다. 뜨개 마무리는 덮어씌우기로 합니다.
- 어깨는 덮어씌워 잇기를 하고, 옆선과 밑소매는 돗바늘로 꿰맵니다. 목둘레는 코를 주워 앞쪽 중앙의 1코를 세워 줄임코, 뒤쪽은 분산 줄임코를 합니다. 소매는 빼뜨기로 잇습니다.

※ 사이즈별 표기가 없는 부분은 공통

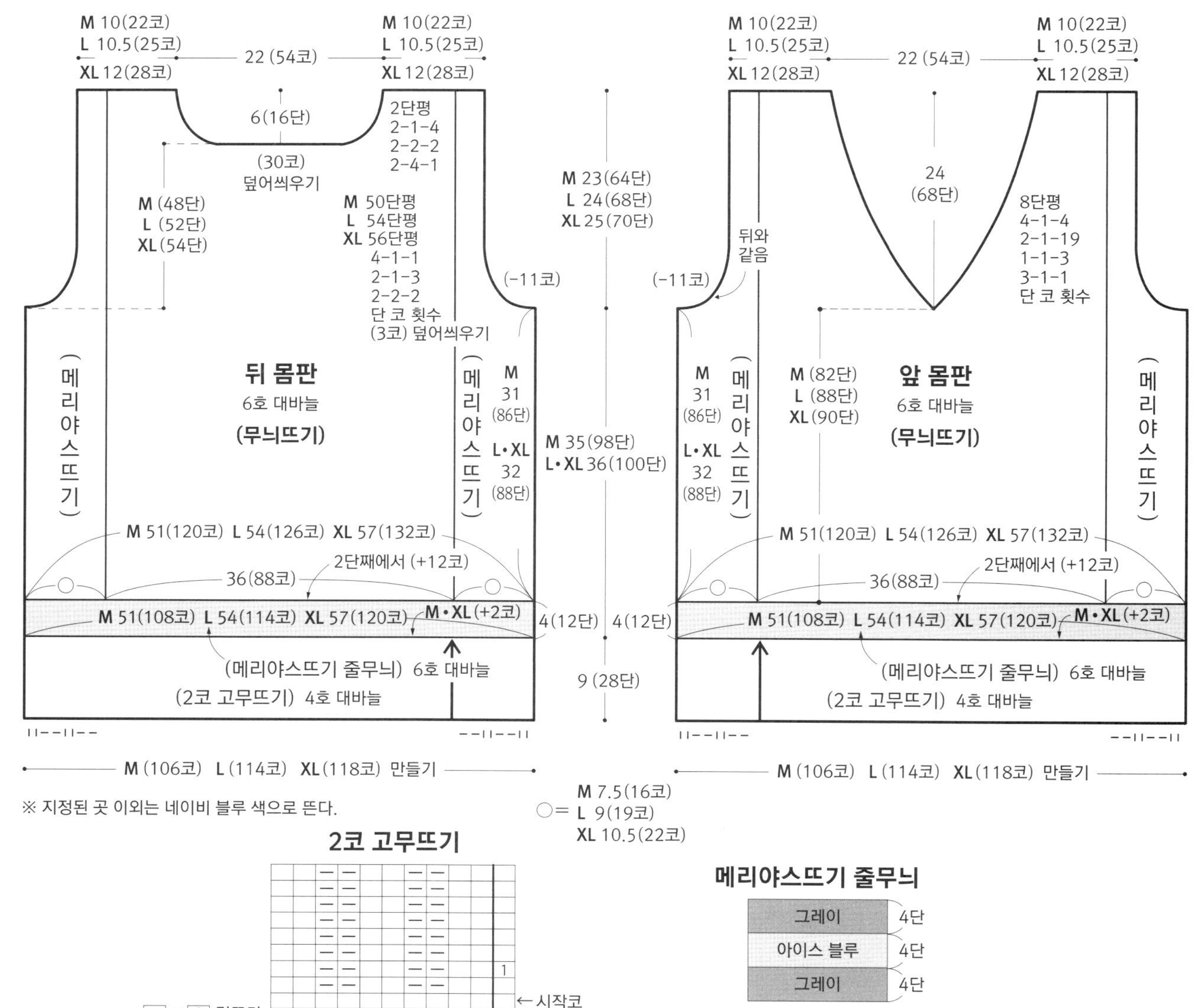

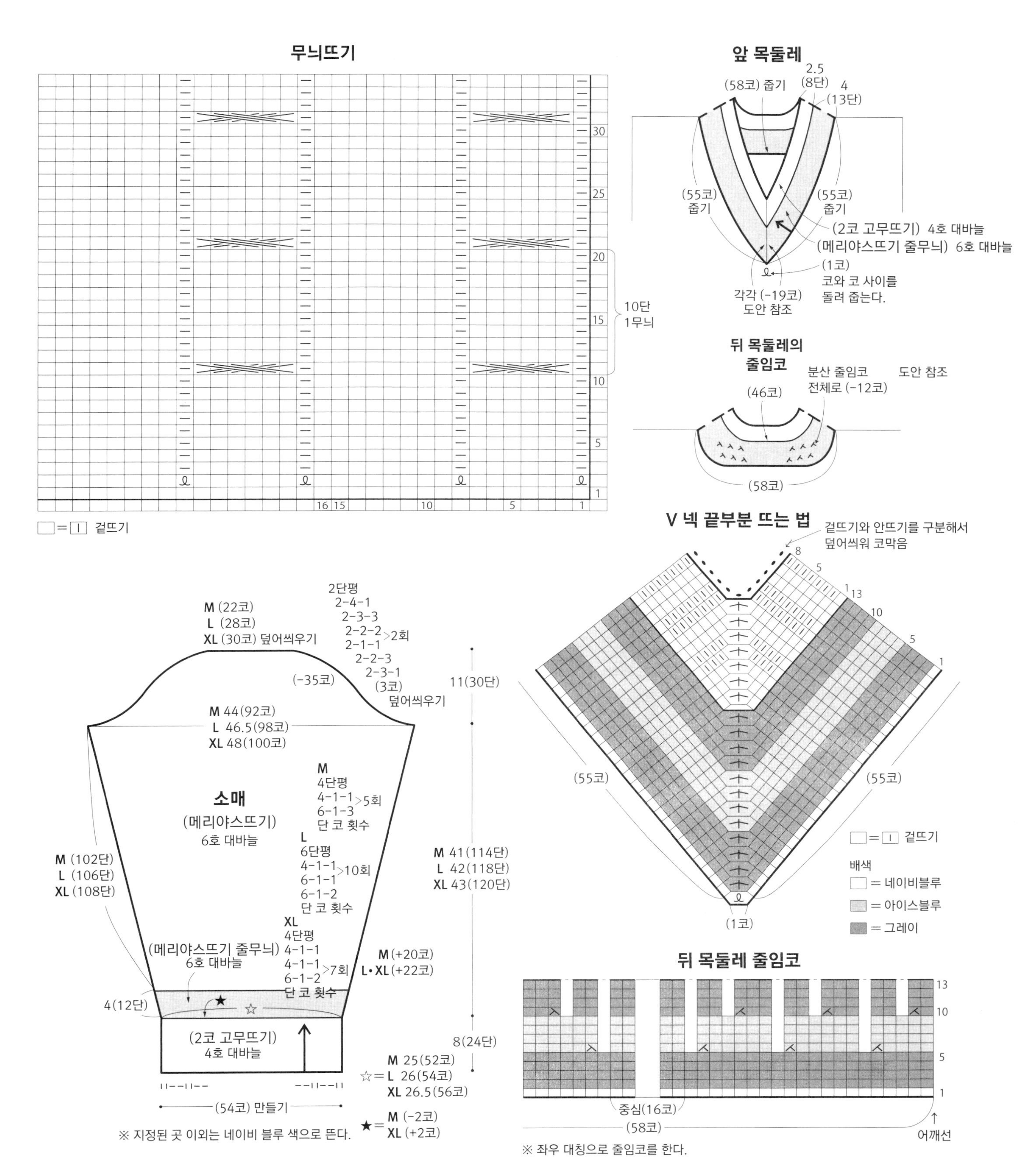

무늬뜨기
10단 1무늬
□=□ 겉뜨기
앞 목둘레
(58코) 줍기
2.5 (8단)
4 (13단)
(55코) 줍기
(55코) 줍기
(2코 고무뜨기) 4호 대바늘
(메리야스뜨기 줄무늬) 6호 대바늘
(1코)
코와 코 사이를 돌려 줍는다.
각각 (-19코) 도안 참조
뒤 목둘레의 줄임코
(46코)
분산 줄임코 전체로 (-12코)
도안 참조
(58코)
V 넥 끝부분 뜨는 법
겉뜨기와 안뜨기를 구분해서 덮어씌워 코막음
(55코)
(55코)
(1코)
□=□ 겉뜨기
배색
□ = 네이비블루
□ = 아이스블루
□ = 그레이
뒤 목둘레 줄임코
중심(16코)
(58코)
어깨선
※ 좌우 대칭으로 줄임코를 한다.
M (22코)
L (28코)
XL (30코) 덮어씌우기
2단평
2-4-1
2-3-3
2-2-2 >2회
2-1-1
2-2-3
2-3-1
(3코)
덮어씌우기
(-35코)
11(30단)
M 44(92코)
L 46.5(98코)
XL 48(100코)
소매
(메리야스뜨기)
6호 대바늘
M
4단평
4-1-1 >5회
6-1-3
단 코 횟수
L
6단평
4-1-1 >10회
6-1-1
6-1-2
단 코 횟수
XL
4단평
4-1-1
4-1-1 >7회
6-1-2
단 코 횟수
M (102단)
L (106단)
XL (108단)
M 41(114단)
L 42(118단)
XL 43(120단)
(메리야스뜨기 줄무늬)
6호 대바늘
M(+20코)
L•XL(+22코)
4(12단)
(2코 고무뜨기)
4호 대바늘
8(24단)
M 25(52코)
☆= L 26(54코)
XL 26.5(56코)
(54코) 만들기
★= M (-2코)
XL (+2코)
※ 지정된 곳 이외는 네이비 블루 색으로 뜬다.

NO. 17

털 스티치 스웨터

photo » p.21

준비물

[실] 하마나카 소노모노 알파카 릴리
베이지 (112) 430g = 11볼 (M 사이즈)
L·XL 사이즈 대략적인 양 :
12볼 (L 사이즈), 13볼 (XL 사이즈)

[바늘] 대바늘 10호, 8호

게이지

가로세로 각각 10cm 무늬뜨기 : 19코×31단

완성 사이즈

	가슴둘레	어깨너비	기장	소매길이
M	108cm	46cm	65cm	55cm
L	112cm	47.5cm	68cm	57cm
XL	116cm	49cm	71cm	59cm

뜨개 포인트

- 몸판은 손가락으로 걸어 시작코를 만들고, 아랫단에서부터 뜨기 시작합니다. 무늬뜨기의 1단째에서 늘림코를 합니다. 진동 둘레, 목둘레의 줄임코는 2코 이상은 덮어씌우기, 1코는 끝의 1코를 세우는 줄임코를 합니다. 어깨는 쉼코로 합니다.
- 소매는 몸판과 같은 시작코로 뜨고, 밑소매는 1코 안쪽에서 돌려뜨기로 코 늘리기를 합니다. 뜨개 마무리는 덮어씌워 코막음을 합니다.
- 어깨는 덮어씌워 잇기를 하고, 옆선과 밑소매는 돗바늘로 꿰맵니다. 목둘레는 코를 주워 1코 고무뜨기를 하고, 뜨개 마무리는 1코 고무뜨기 코막음을 합니다. 소매는 빼뜨기로 이어 붙입니다.

※ 사이즈별 표기가 없는 부분은 공통

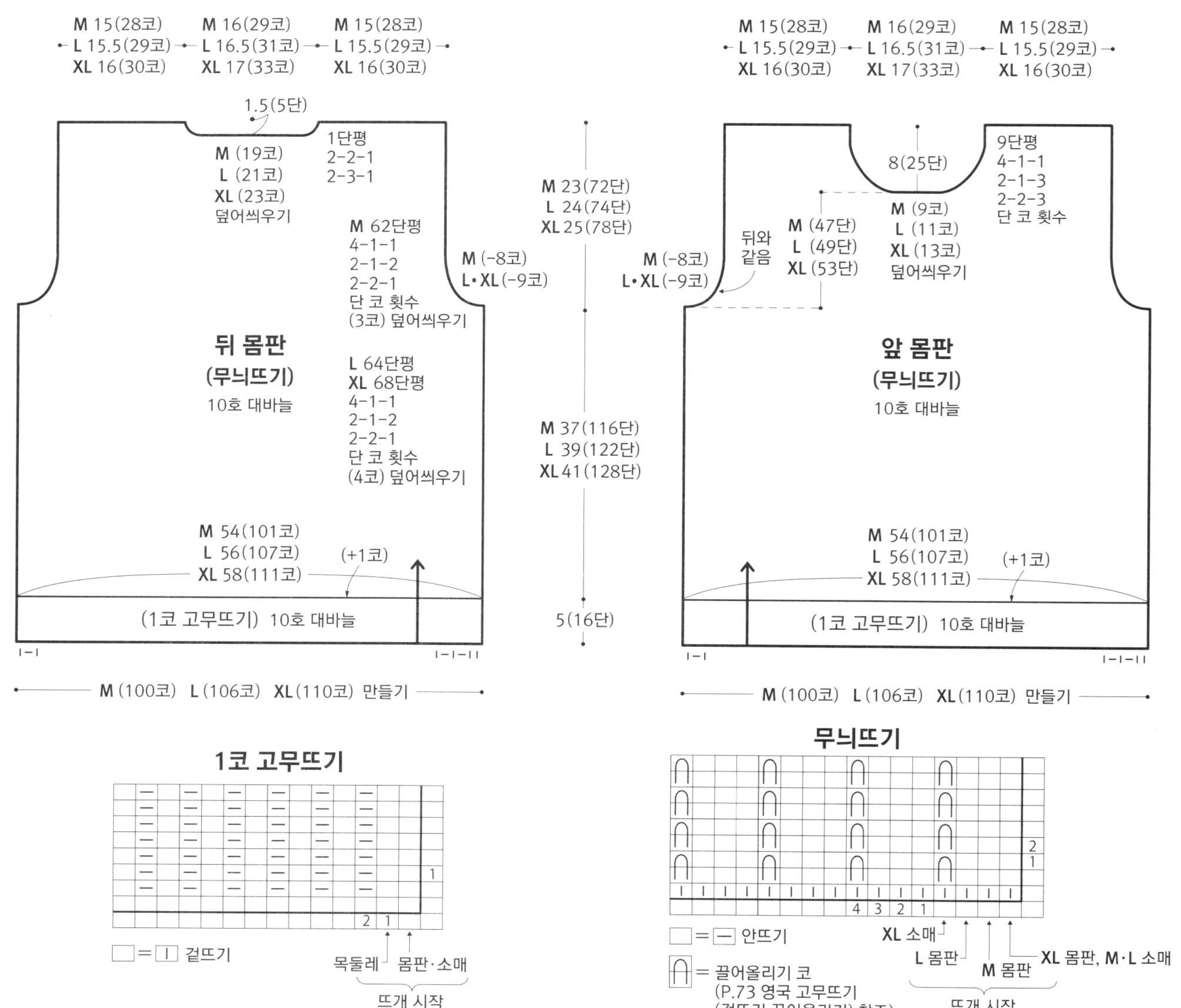

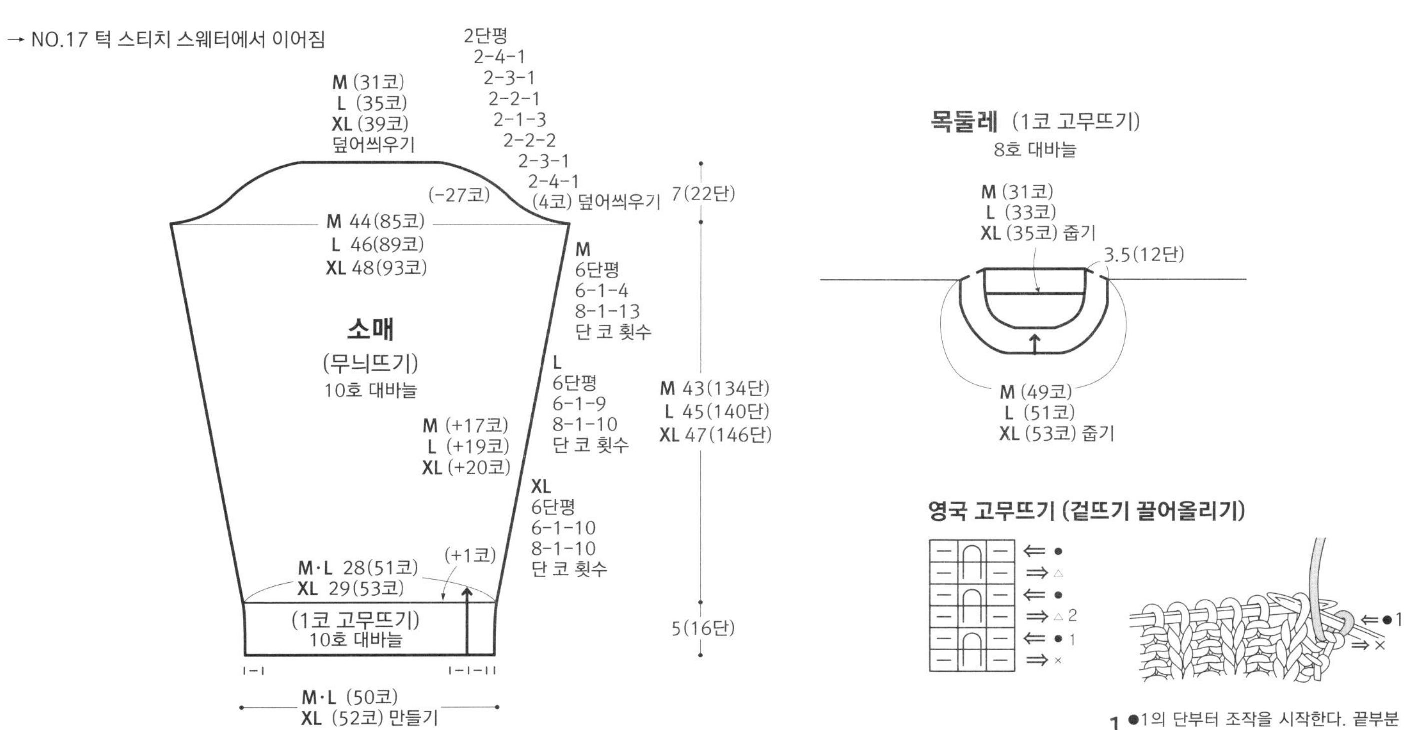

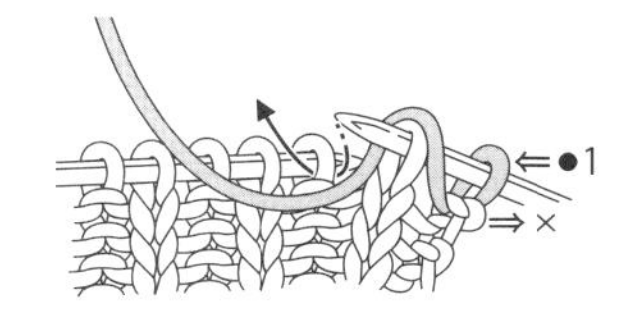

1 ●1의 단부터 조작을 시작한다. 끝부분의 안뜨기를 하고, 실을 앞쪽에 둔 채 겉뜨기는 뜨지 않고 오른쪽 바늘로 옮깁니다(코의 방향을 바꾸지 않는다).

2 옮긴 코에 실을 걸고, 다음 코는 안뜨기를 합니다.

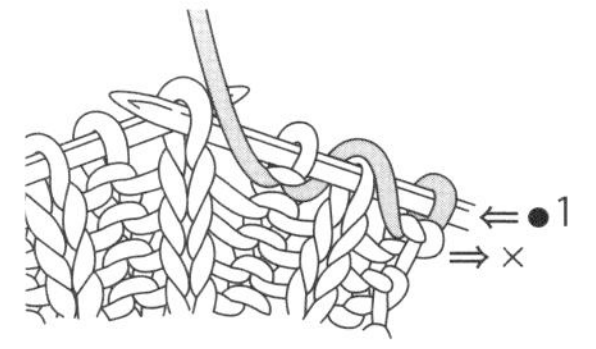

3 〈겉뜨기는 뜨지 않고, 오른쪽 바늘로 옮겨 실을 걸고, 안뜨기하기〉를 반복합니다.

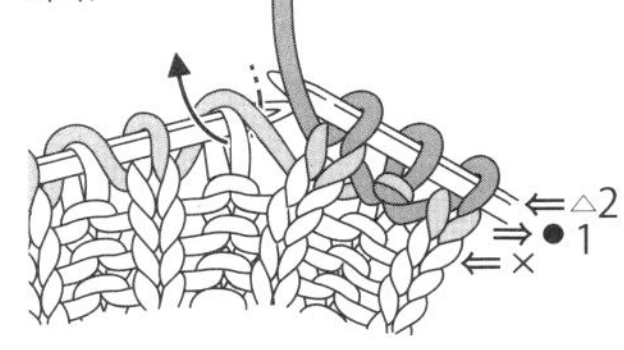

4 △2의 뒷면을 보고 뜨는 단. 겉뜨기는 겉뜨기로 뜨고, 다음 코는 이전 단에서 건 실을 같이 안뜨기로 뜹니다.

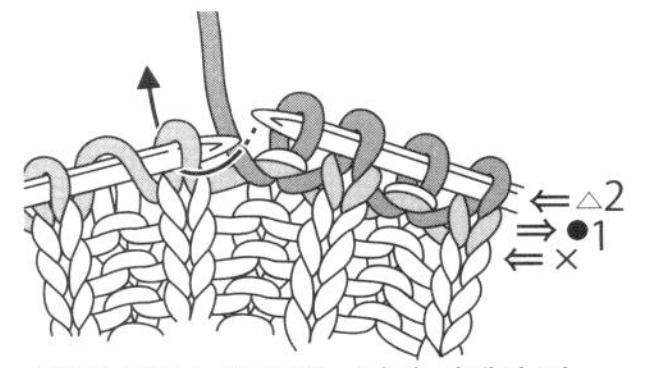

5 〈겉뜨기하고, 안뜨기는 이전 단에서 건 실을 같이 안뜨기하기〉를 반복합니다.

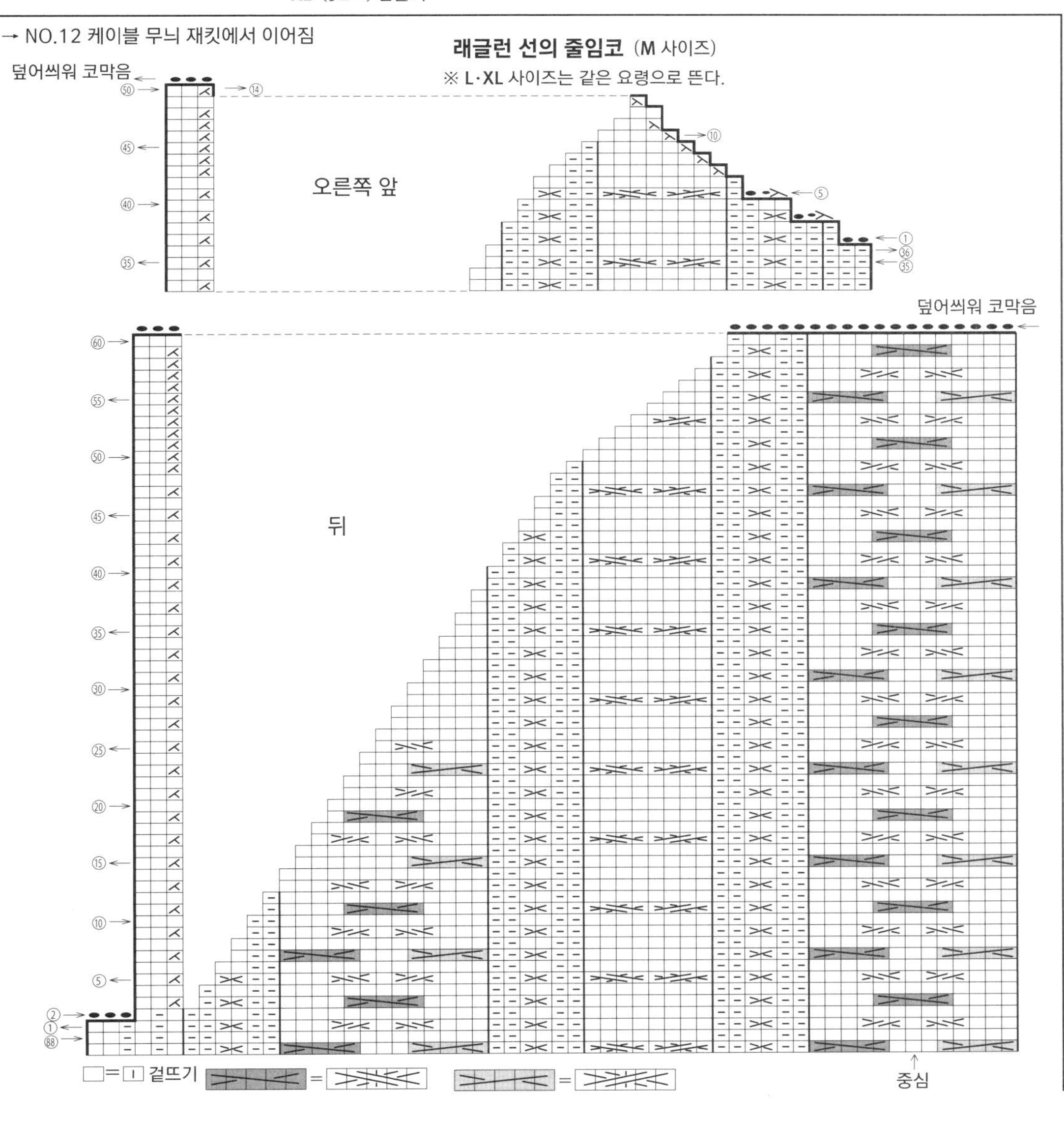

NO. 18

케이블 카디건

photo » p.22

준비물

[실] 하마나카 소노모노 알파카 울
차콜 그레이 (45) 540g = 14볼,
그레이 (44) 70g = 2볼 (M 사이즈)
L·XL 사이즈 대략적인 양 :
차콜 그레이 15볼, 그레이 2볼 (L 사이즈)
차콜 그레이 16볼, 그레이 2볼 (XL 사이즈)

[바늘] 대바늘 9호, 8호, 7호

[그 외] 지름 2.3cm짜리 (차콜 그레이) 단추 5개

게이지

가로세로 각각 10cm 메리야스뜨기 : 16코×21.5단

완성 사이즈

	가슴둘레	화장	기장
M	106.5cm	83.5cm	68cm
L	112.5cm	87cm	70cm
XL	117.5cm	91.5cm	72cm

뜨개 포인트

- 몸판은 별도 사슬로 시작코를 만들고, 아랫단과 분리되는 위치부터 뜨기 시작합니다. 앞 몸판은 뒤 몸판보다 2단 더 많이 뜹니다. 1코의 줄임코는 끝의 2코를 세워 뜹니다. 뜨개 마무리는 덮어씌워 코막음을 합니다. 아랫단은 별도 사슬을 풀어 코를 주워 2코 고무뜨기를 하고, 뜨개 마무리는 2코 고무뜨기 코막음을 합니다.
- 소매는 몸판과 같은 시작코로 뜨고, 밑소매는 1코 안쪽에서 돌려뜨기로 코 늘리기를 합니다. 소맷마루(소매산)의 줄임코는 몸판과 마찬가지로 뜨고, 마지막 6단은 남겨 되돌아뜨기를 합니다. 뜨개 마무리는 덮어씌워 코막음을 합니다. 소맷부리는 늘림코를 하여 2코 고무뜨기를 하고, 뜨개 마무리는 2코 고무뜨기 코막음을 합니다.
- 앞단에서는 바탕 사슬 13코를 만들고, 사슬의 뒷산을 주워 뜨기 시작합니다. 지정 위치에 단춧구멍을 만들며 뜨고, 뜨개 마무리는 덮어씌워 코막음을 합니다. 진동 둘레의 맞춤표끼리 맞춰 메리야스 잇기를 하고, 래글런 선, 옆선, 밑소매는 돗바늘로 꿰매는데, 앞 몸판은 2단만큼 꿰매어 줄입니다. 앞단과 목둘레를 돗바늘로 꿰매어 붙입니다. 단추를 답니다.

※ 사이즈별 표기가 없는 부분은 공통

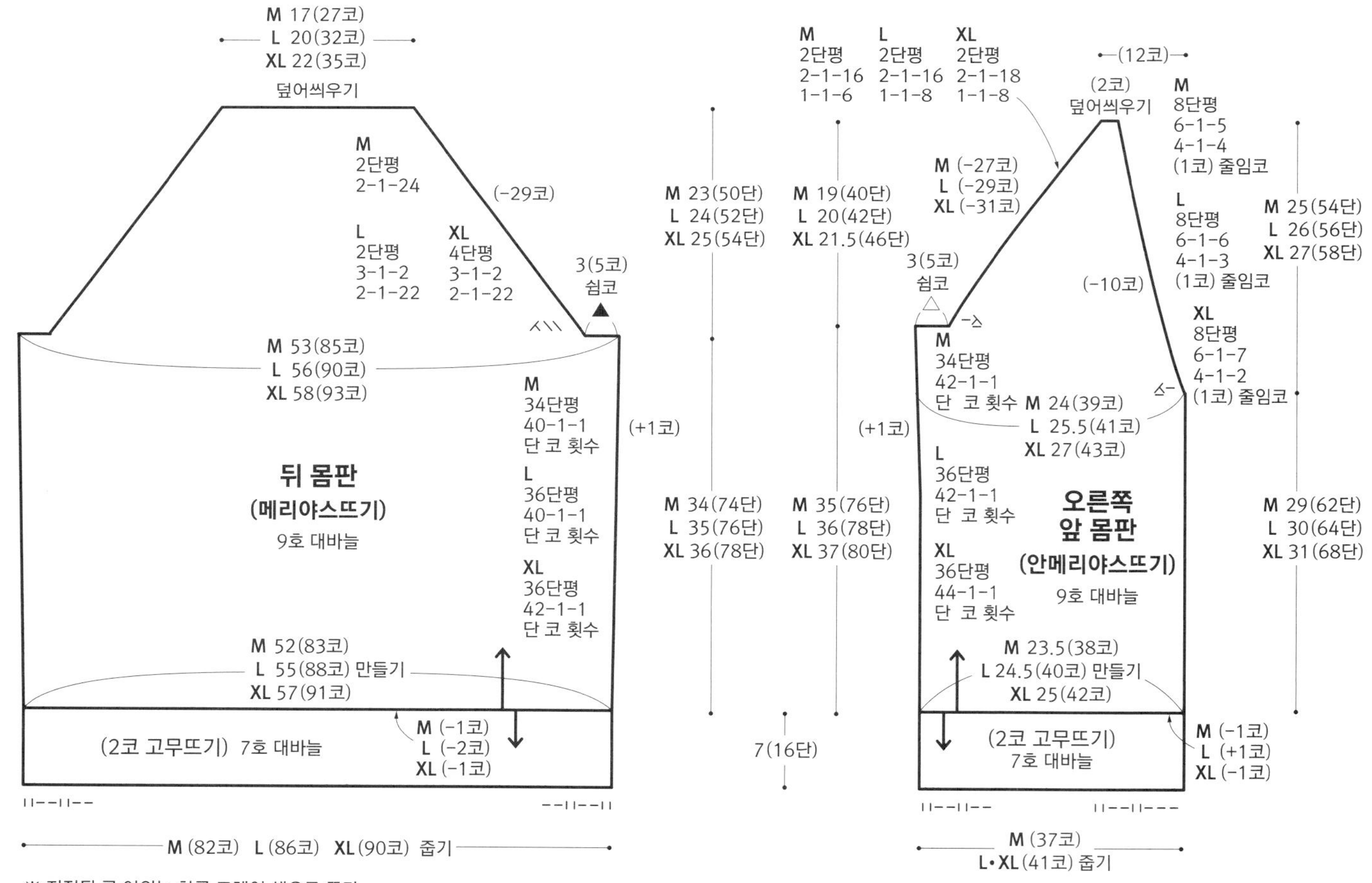

※ 지정된 곳 이외는 차콜 그레이 색으로 뜬다.
※ ▲·△의 맞춤표끼리는 메리야스 잇기

※ 2코 고무뜨기 코막음은 P.77 참조

※ 왼쪽 앞 몸판은 좌우 대칭으로 뜬다.

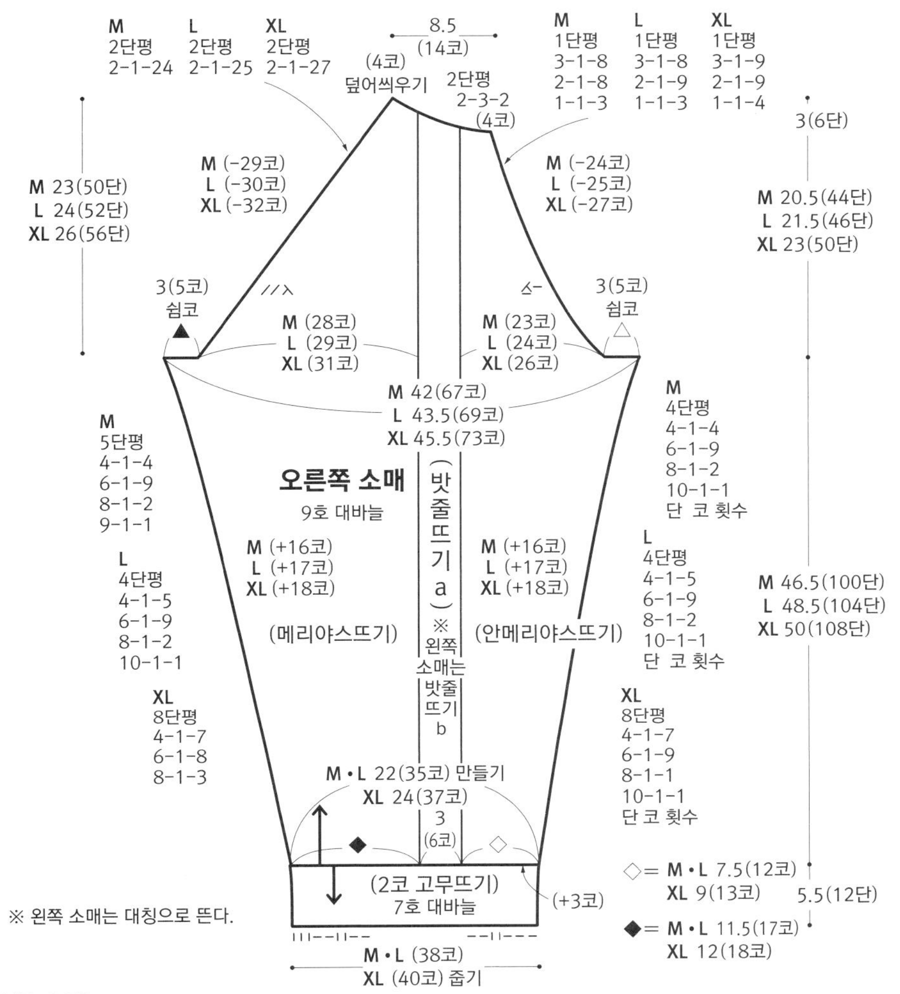
M
2단평
2-1-24
L
2단평
2-1-25
XL
2단평
2-1-27
8.5
(14코)
(4코)
덮어씌우기
2단평
2-3-2
(4코)
M
1단평
3-1-8
2-1-8
1-1-3
L
1단평
3-1-8
2-1-9
1-1-3
XL
1단평
3-1-9
2-1-9
1-1-4
3(6단)
M 23(50단)
L 24(52단)
XL 26(56단)
M (-29코)
L (-30코)
XL (-32코)
M (-24코)
L (-25코)
XL (-27코)
M 20.5(44단)
L 21.5(46단)
XL 23(50단)
3(5코)
쉼코
3(5코)
쉼코
M (28코)
L (29코)
XL (31코)
M (23코)
L (24코)
XL (26코)
M 42(67코)
L 43.5(69코)
XL 45.5(73코)
M
5단평
4-1-4
6-1-9
8-1-2
9-1-1
M
4단평
4-1-4
6-1-9
8-1-2
10-1-1
단 코 횟수
오른쪽 소매
9호 대바늘
(밧줄뜨기 a)
※ 왼쪽 소매는 밧줄뜨기 b
M (+16코)
L (+17코)
XL (+18코)
M (+16코)
L (+17코)
XL (+18코)
(메리야스뜨기)
(안메리야스뜨기)
L
4단평
4-1-5
6-1-9
8-1-2
10-1-1
L
4단평
4-1-5
6-1-9
8-1-2
10-1-1
단 코 횟수
M 46.5(100단)
L 48.5(104단)
XL 50(108단)
XL
8단평
4-1-7
6-1-8
8-1-3
XL
8단평
4-1-7
6-1-9
8-1-1
10-1-1
단 코 횟수
M • L 22(35코) 만들기
XL 24(37코)
3
(6코)
(2코 고무뜨기)
7호 대바늘
(+3코)
◇= M • L 7.5(12코)
XL 9(13코)
5.5(12단)
◆= M • L 11.5(17코)
XL 12(18코)
※ 왼쪽 소매는 대칭으로 뜬다.
M • L (38코)
XL (40코) 줍기

M 사이즈 오른쪽 소매

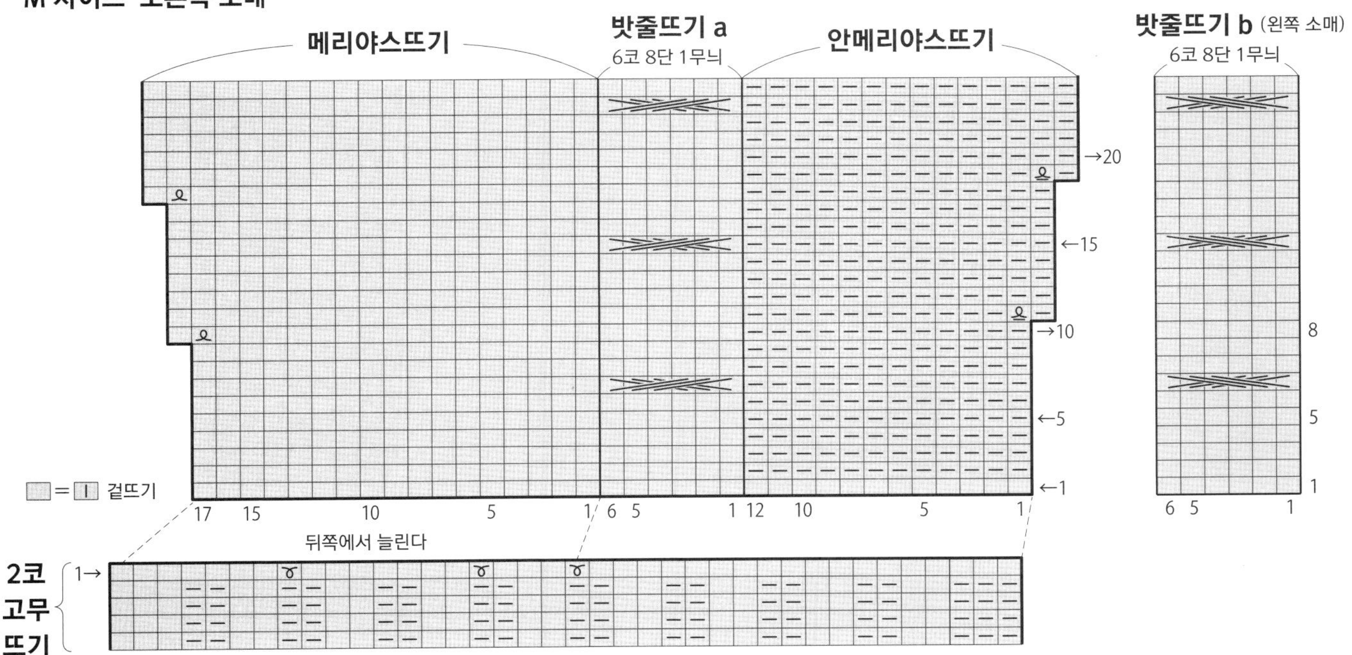
메리야스뜨기
밧줄뜨기 a
6코 8단 1무늬
안메리야스뜨기
밧줄뜨기 b (왼쪽 소매)
6코 8단 1무늬
→20
←15
→10
←5
←1
8
5
1
□=□ 겉뜨기
17 15 10 5 1 6 5 1 12 10 5 1
6 5 1
뒤쪽에서 늘린다
2코 고무뜨기
1→

세로 단춧구멍

1단째

1

단춧구멍 위치의 안뜨기 앞쪽에서 걸기코를 하고, 다음 2코를 왼코 겹쳐 2코 모아뜨기합니다.

2단째

2

이전 단의 걸기코는 걸러뜨기 해서 바늘에 실을 걸고, 다음 코를 안뜨기합니다.

앞단·목둘레 (2코 고무뜨기)

8호 대바늘

마무리 (M 사이즈)

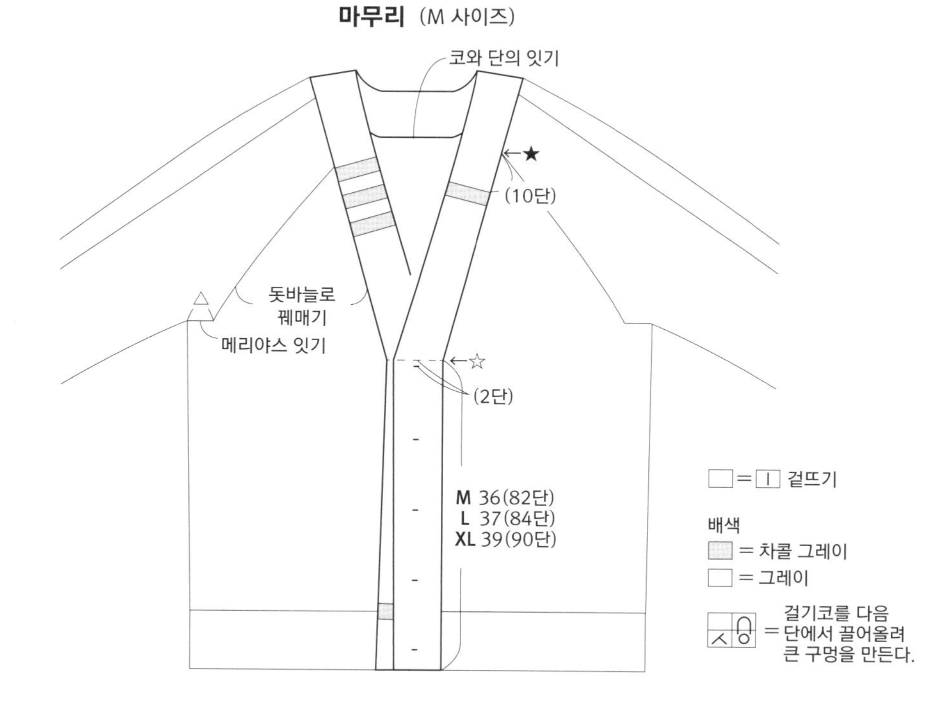

앞단·목둘레 2코 고무뜨기

□=| 겉뜨기

배색

▒ = 차콜 그레이

□ = 그레이

= 걸기코를 다음 단에서 끌어올려 큰 구멍을 만든다.

NO. 15

핸드 워머

photo » p.19

준비물

[실] 하마나카 아란 트위드
베이지 (2) 55g = 2볼

[바늘] 대바늘 9호, 8호

게이지

가로세로 각각 10cm 메리야스뜨기 : 18코×26단,
무늬뜨기 : 26코로 12cm, 10cm로 26단

완성 사이즈

손바닥 둘레 24cm, 길이 19cm

뜨개 포인트

- 별도 사슬로 시작코를 만들어 원형뜨기를 하여, 무늬뜨기와 메리야스뜨기로 엄지손가락 구멍 위치에 보조실을 넣으면서 32단을 뜹니다.
- 각각의 손가락은 감아코와 코 줍기를 하면서 메리야스뜨기로 원형뜨기를 합니다.
- 엄지손가락은 엄지손가락 구멍 위치에 넣은 보조실 위와 아래 코부터 17코를 줍고, 양옆에서 감아코 늘리기를 해서, 메리야스뜨기로 원형뜨기를 합니다.
- 손목 쪽은 시작코의 별도 사슬을 풀어 무늬뜨기 부분에서 4코 줄임코를 하며 코를 줍고, 1코 고무뜨기로 원형뜨기를 합니다. 뜨개 마무리는 1코 고무뜨기 코막음을 합니다.

※ 지정된 곳 이외는 9호 대바늘로 뜬다.
※ 오른손은 좌우 대칭으로 뜬다.

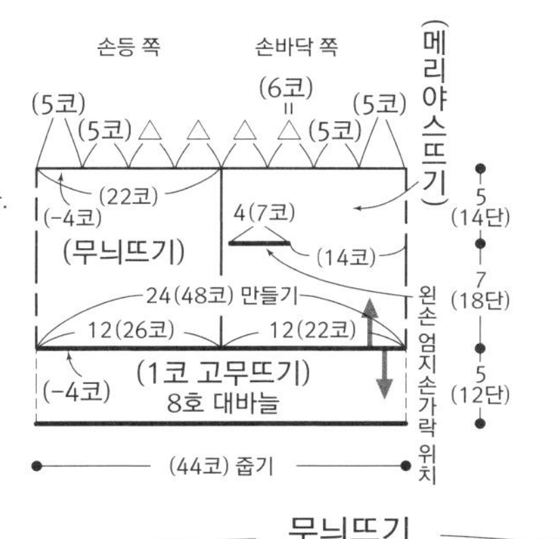

엄지손가락
(메리야스뜨기)

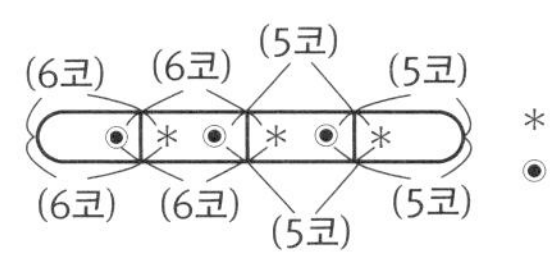

손가락 (메리야스뜨기)

감아코 늘리기

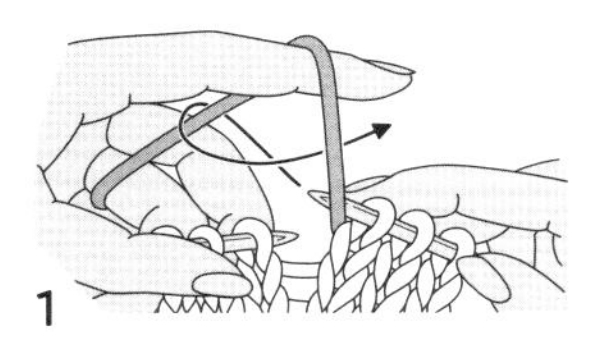

1
화살표 방향으로 오른쪽 바늘을 움직여, 오른쪽 바늘에 실을 감습니다.

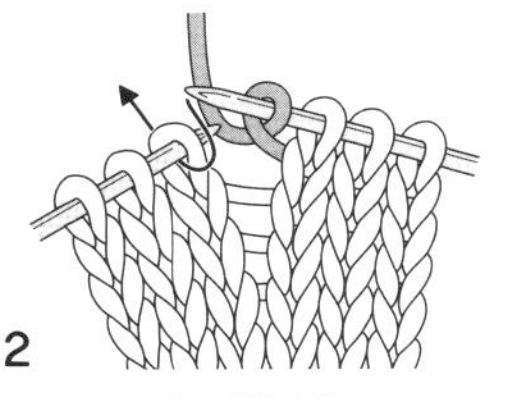

2
다음 코를 겉뜨기합니다.

무늬뜨기 / 메리야스뜨기

□=Ⅰ 겉뜨기

2코 고무뜨기 코막음

● 양쪽 끝 모두 겉뜨기 2코일 때

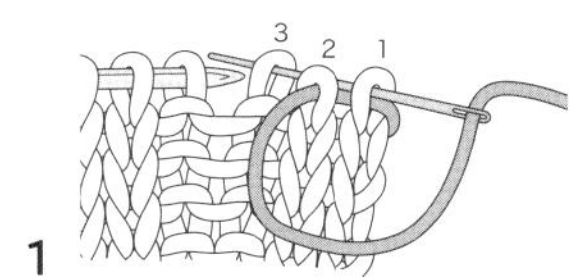

1
1의 코 앞쪽에서 2의 코 앞쪽으로 통과시킨 후, 1의 코 앞쪽에서 돗바늘을 넣어 3의 코 뒤쪽으로 빼냅니다.

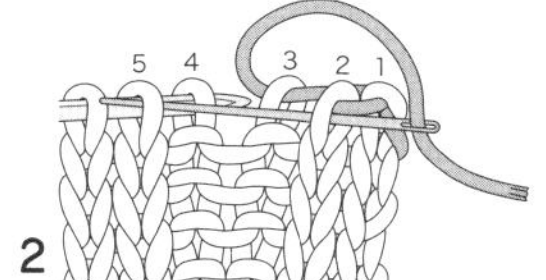

2
2의 코 앞쪽에서 넣고, 5의 코 앞쪽으로 빼냅니다(겉뜨기와 겉뜨기).

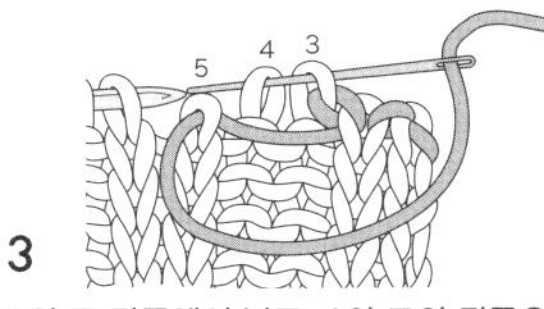

3
3의 코 뒤쪽에서 넣고, 4의 코의 뒤쪽으로 빼냅니다(안뜨기와 안뜨기).

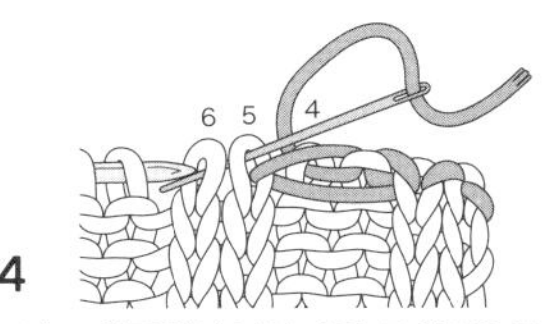

4
5의 코 앞쪽에서 넣어, 6의 코 앞쪽으로 빼냅니다(겉뜨기와 겉뜨기).

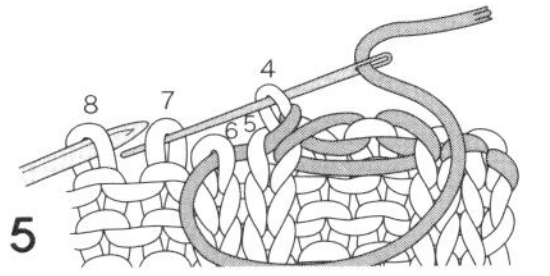

5
4의 코 뒤쪽에서 넣어, 7의 코 뒤쪽으로 빼냅니다(안뜨기와 안뜨기). 2~5를 반복합니다.

뜨개가 끝나는 부분

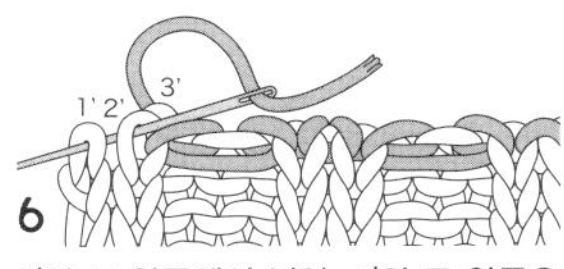

6
2'의 코 앞쪽에서 넣어, 1'의 코 앞쪽으로 빼냅니다.

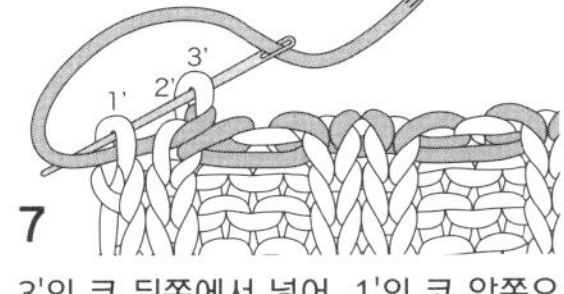

7
3'의 코 뒤쪽에서 넣어, 1'의 코 앞쪽으로 빼냅니다.

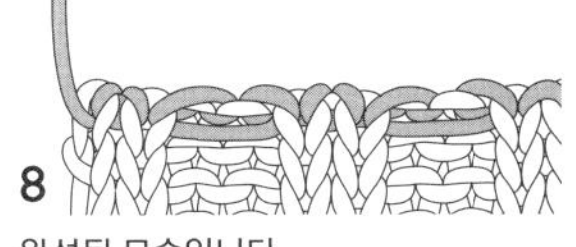

8
완성된 모습입니다.

NO. 19

앞여밈 케이블 베스트

photo » p.23

준비물

[실] 하마나카 아란 트위드
차콜 그레이 (9) 360g = 9볼 (L 사이즈)
M·XL 사이즈 대략적인 양 :
9볼 (M 사이즈), 10볼 (XL 사이즈)

[바늘] 대바늘 9호, 7호

[그 외] 지름 2cm짜리 (차콜 그레이) 단추 5개

게이지

가로세로 각각 10cm 메리야스뜨기 : 16.5코×24단,
무늬뜨기 : 18코로 8cm · 10cm로 24단

완성 사이즈

	가슴둘레	어깨너비	기장
M	105cm	40cm	62cm
L	115cm	42cm	63cm
XL	119cm	44cm	64.5cm

뜨개 포인트

- 몸판은 손가락으로 걸어 시작코를 만들고, 아랫단에서부터 뜨기 시작합니다. 앞 목둘레는 2코를 세워서 줄임코, 진동 둘레는 2코 이상은 덮어씌우기, 1코는 끝의 1코를 세우는 줄임코를 하고, 어깨는 쉼코로 합니다. 뒤 목둘레 중앙의 코는 실을 이어 덮어씌우기를 합니다.
- 어깨는 겉이 맞닿게 겹쳐둔 채 빼뜨기로 잇고, 옆선은 돗바늘로 꿰맵니다. 앞단, 목둘레, 진동 둘레는 몸판에서 코를 주워 2코 고무뜨기를 하는데, 왼쪽 앞단에는 단춧구멍을 만듭니다. 뜨개 마무리는 겉뜨기와 안뜨기를 구분해서 덮어씌워 코막음을 합니다. 오른쪽 앞단에는 단추를 답니다.

※ 사이즈별 표기가 없는 부분은 공통

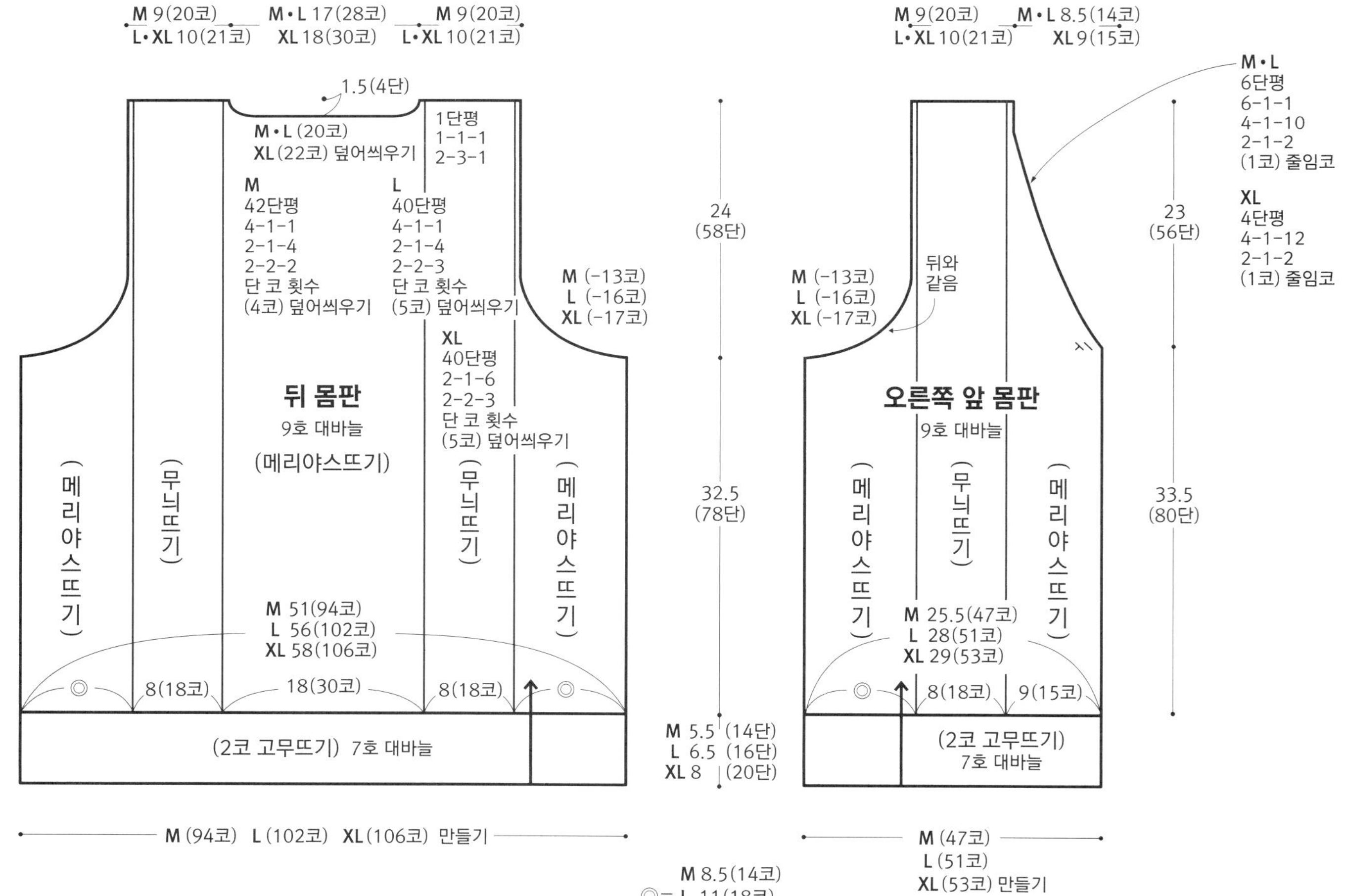

※ 왼쪽 앞 몸판은 대칭으로 뜬다.

무늬뜨기

□=Ⅰ 겉뜨기

2코 고무뜨기 (몸판)

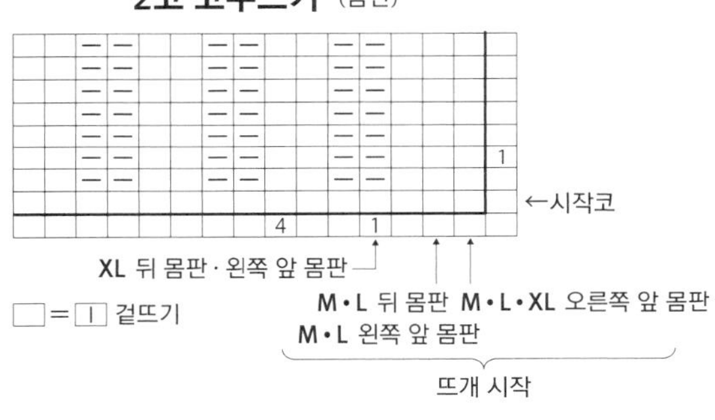

□=Ⅰ 겉뜨기

앞단 · 목둘레, 진동 둘레

(2코 고무뜨기) 7호 대바늘

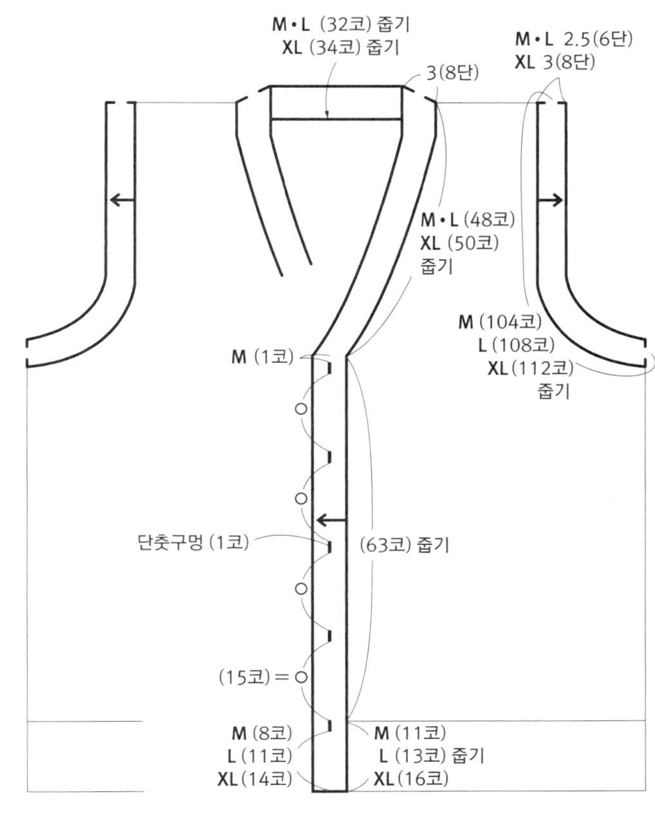

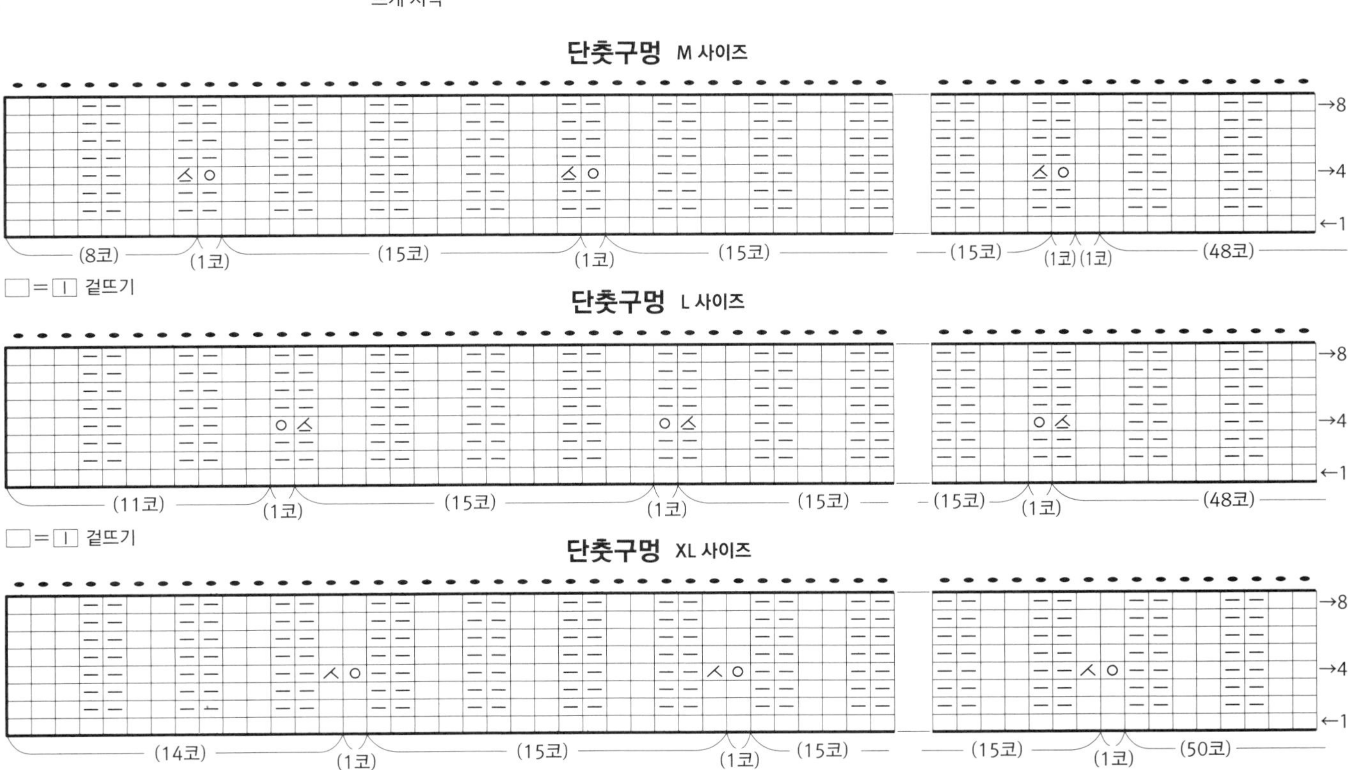

□=Ⅰ 겉뜨기

준비물

[실] 하마나카 맨즈 클럽 마스터
베이지 (18) 310g = 7볼,
짙은 갈색 (58) 70g = 2볼 (M 사이즈)
L·XL 사이즈 대략적인 양 :
베이지 7볼, 짙은 갈색 2볼 (L 사이즈)
베이지 8볼, 짙은 갈색 3볼 (XL 사이즈)
[바늘] 대바늘 12호, 10호
[그 외] 베이지색 오픈 지퍼 M 60cm, L 63cm, XL 66cm 1개

게이지

가로세로 각각 10cm 무늬뜨기 : 15코×22단

완성 사이즈

	가슴둘레	어깨너비	기장
M	107cm	42cm	62.5cm
L	113cm	45cm	65.5cm
XL	119cm	48cm	68.5cm

뜨개 포인트

- 별도 사슬로 시작코를 만들어 뜨기 시작해서 무늬뜨기를 합니다. 진동 둘레, 목둘레 줄임코는 2코 이상은 덮어씌우기, 1코는 끝의 1코를 세우는 줄임코를 합니다. 아랫단은 시작코의 사슬을 풀어 코를 주워 1코 고무뜨기를 하고, 1코 고무뜨기 코막음을 합니다.
- 어깨는 덮어씌워 잇기를 하고, 옆선은 돗바늘로 꿰맵니다. 진동 둘레, 목둘레, 앞단의 1코 고무뜨기는 몸판에서 코를 주워 뜨고, 뜨개 마무리는 1코 고무뜨기 코막음을 합니다. 앞단에 오픈 지퍼를 뒤쪽에서 반박음질로 답니다.

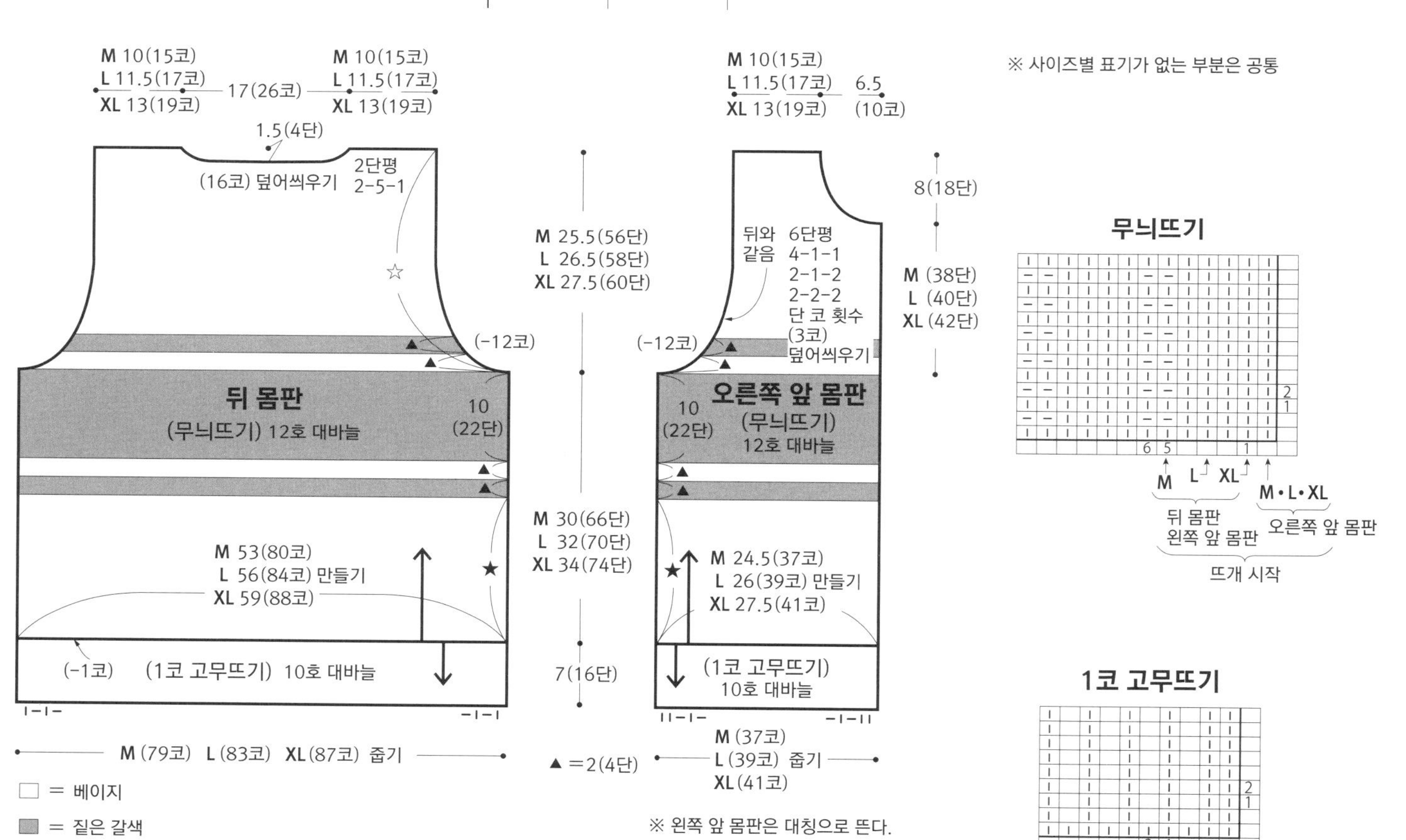

★= M 16(36단), L 18(40단), XL 20(44단)

☆=

M	L	XL
32단평	34단평	36단평
6-1-1	6-1-1	6-1-1
4-1-2	4-1-2	4-1-2
2-1-3	2-1-3	2-1-3
2-2-2	2-2-2	2-2-2
단 코 횟수	단 코 횟수	단 코 횟수
(2코) 덮어씌우기	(2코) 덮어씌우기	(2코) 덮어씌우기

목둘레, 앞단, 진동 둘레

(1코 고무뜨기) 10호 대바늘

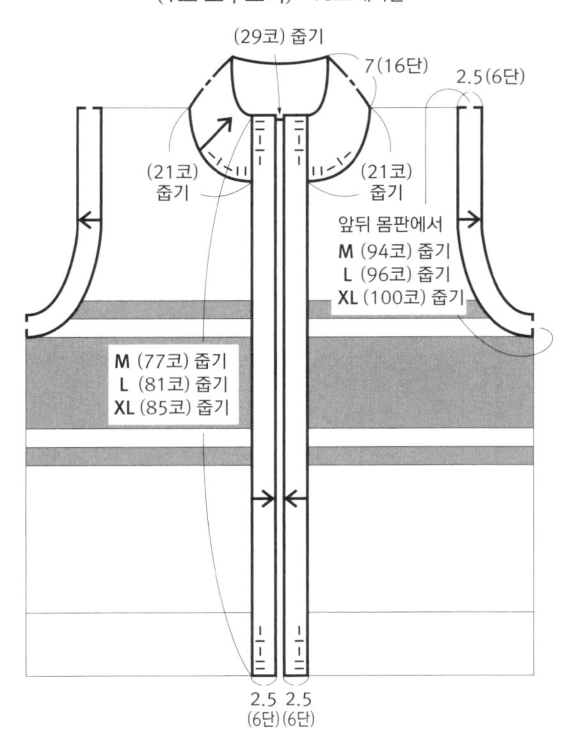

지퍼 다는 법

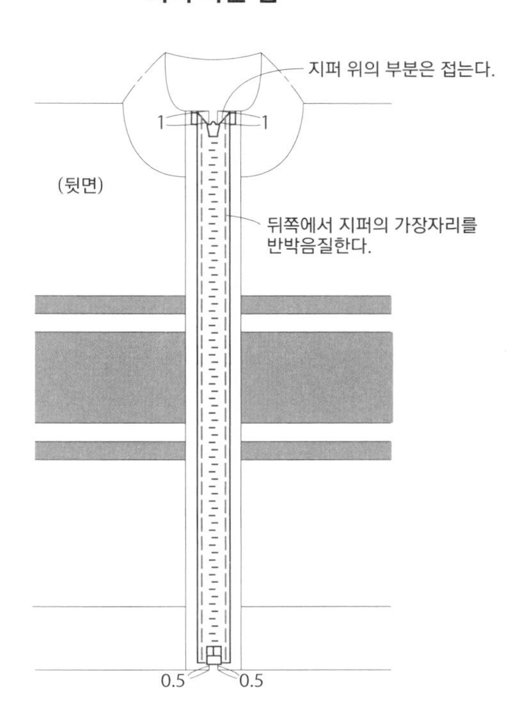

● 지퍼를 달기 전에

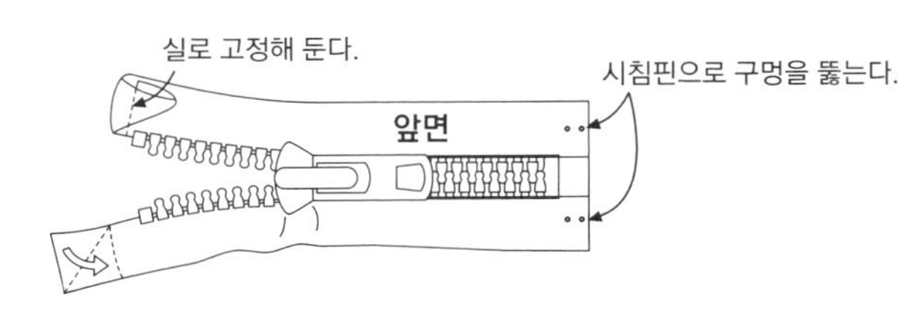

오픈 지퍼 아래쪽은 단단해서 실이 통과하기 어려우므로, 미리 끝이 뾰족한 재봉용 시침핀으로 구멍을 4개 뚫어둡니다. 또한 지퍼의 위쪽은 그림과 같이 잠금 부분 끝에서 삼각형으로 접어 앞쪽으로 휘감쳐 둡니다.

● 지퍼를 단다

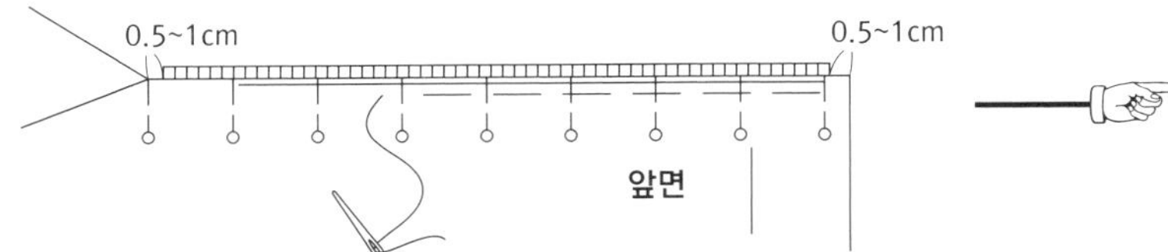

지퍼를 풀고, 한쪽씩 답니다. 아랫단 쪽, 목둘레 쪽, 한가운데를 시침핀으로 고정하고, 그 사이 몇 곳도 고정합니다. 시침핀으로 손을 찌르지 않게 조심하면서, 몸판에 지퍼를 시침실로 고정합니다.

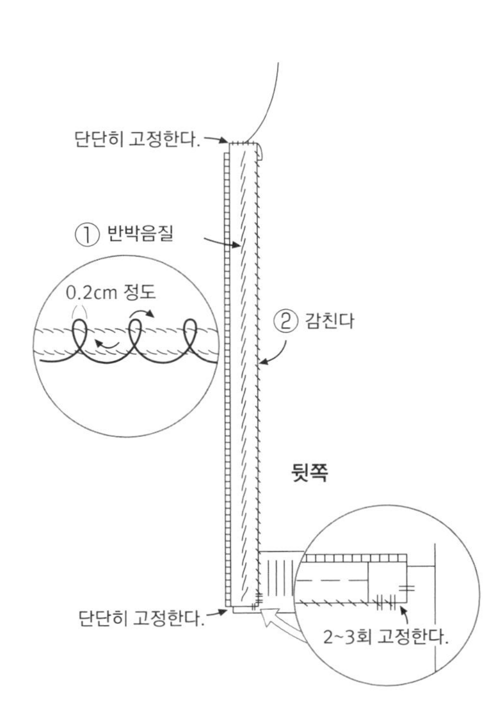

시침질이 끝나면 시침핀을 뺀 다음, 앞면에 구김이 생기지 않도록 반박음질로 꿰매고, 아랫단 쪽에 뚫어둔 구멍에는 실을 2~3회 통과시킵니다. 반대쪽 지퍼도 같은 방식으로 답니다. 마지막으로 지퍼의 가장자리를 감치면 완성입니다.

NO. 21

모스 스티치 래글런 재킷

photo » p.25

준비물

[실] 하마나카 맨즈 클럽 마스터
그레이 (71) 680g = 14볼 (M 사이즈)
L·XL 사이즈 대략적인 양 :
15볼 (L 사이즈), 15볼 (XL 사이즈)

[바늘] 대바늘 10호, 8호

[그 외] 지름 23mm짜리 (검정) 단추 7개

게이지

가로세로 각각 10cm 무늬뜨기 : 16코×20단

완성 사이즈

	가슴둘레	기장	화장
M	111.5cm	66.5cm	80.5cm
L	116.5cm	69.5cm	85.5cm
XL	121.5cm	71.5cm	88cm

뜨개 포인트

- 몸판과 소매는 별도 사슬로 시작코를 만들어 뜨기 시작하고, 래글런 선의 줄임코는 도안을 참조하여 뜹니다. 앞 몸판의 주머니 위치에는 보조실을 떠 넣어 둡니다. 밑소매의 늘림코는 1코 안쪽에서 돌려뜨기로 코 늘리기를 합니다. 보조실을 풀어 코를 주워 몸판 아랫단과 소맷부리에서 2코 고무뜨기를 하고, 뜨개 마무리는 겉뜨기는 겉뜨기로, 안뜨기는 안뜨기로 떠서 덮어씌워 코막음을 합니다. 보조실을 풀어 코를 주워서 주머니 뒷면과 입구를 뜹니다. 주머니 입구의 뜨개 마무리는 아랫단과 같은 방식으로 합니다.
- 래글런 선, 옆선, 밑소매는 돗바늘로 꿰매고, 겨드랑이의 덮어씌우기코는 메리야스 잇기를 합니다. 목둘레는 2코 고무뜨기를 하고, 아랫단과 마찬가지로 덮어씌워 코막음을 하여, 이중이 되도록 안쪽으로 접어 휘감아 꿰맵니다. 지정된 위치에서 코를 주워 앞단은 2코 고무뜨기를 하고, 뜨개 마무리는 아랫단과 동일하게 합니다. 앞단에 단추를 답니다.

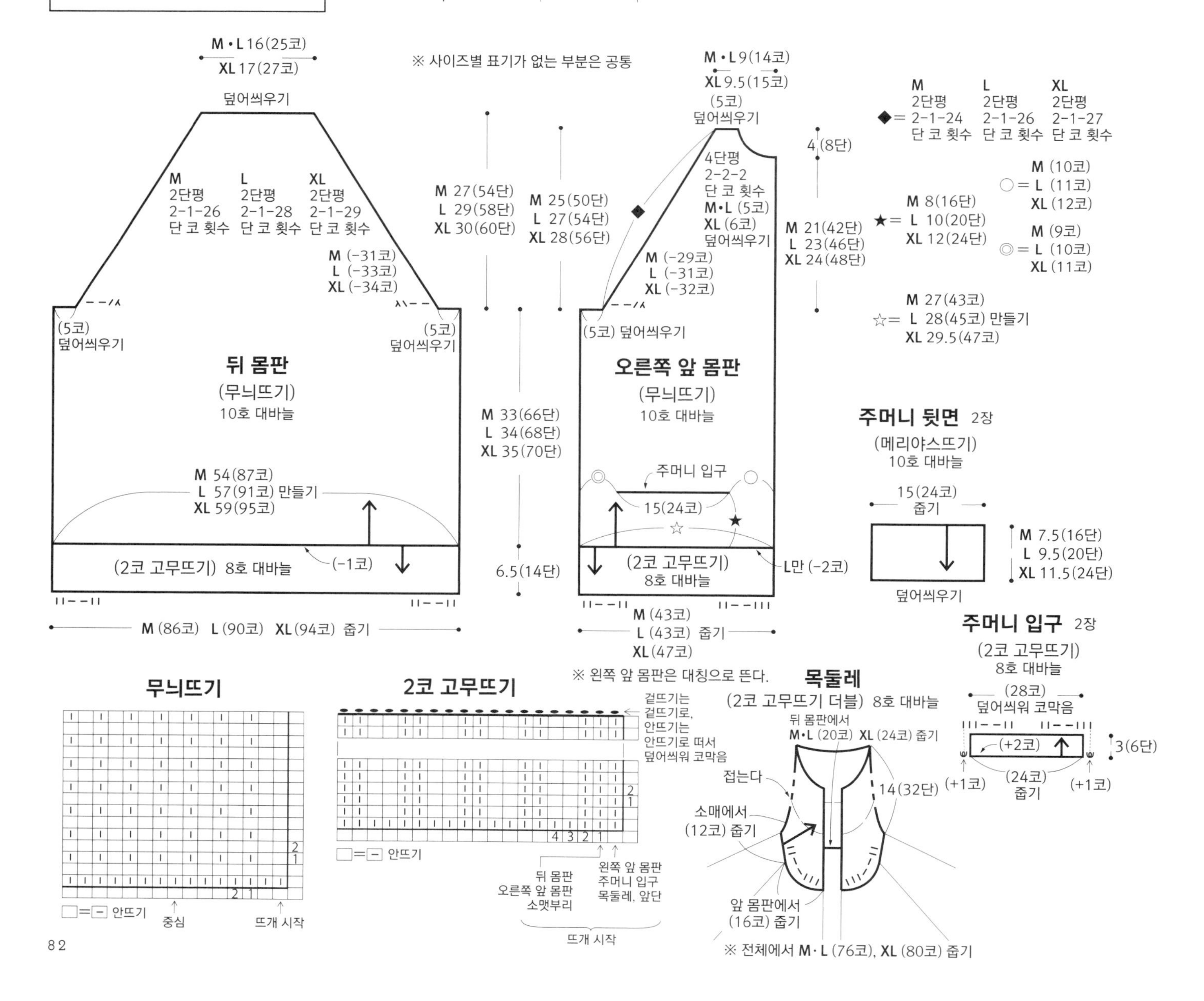

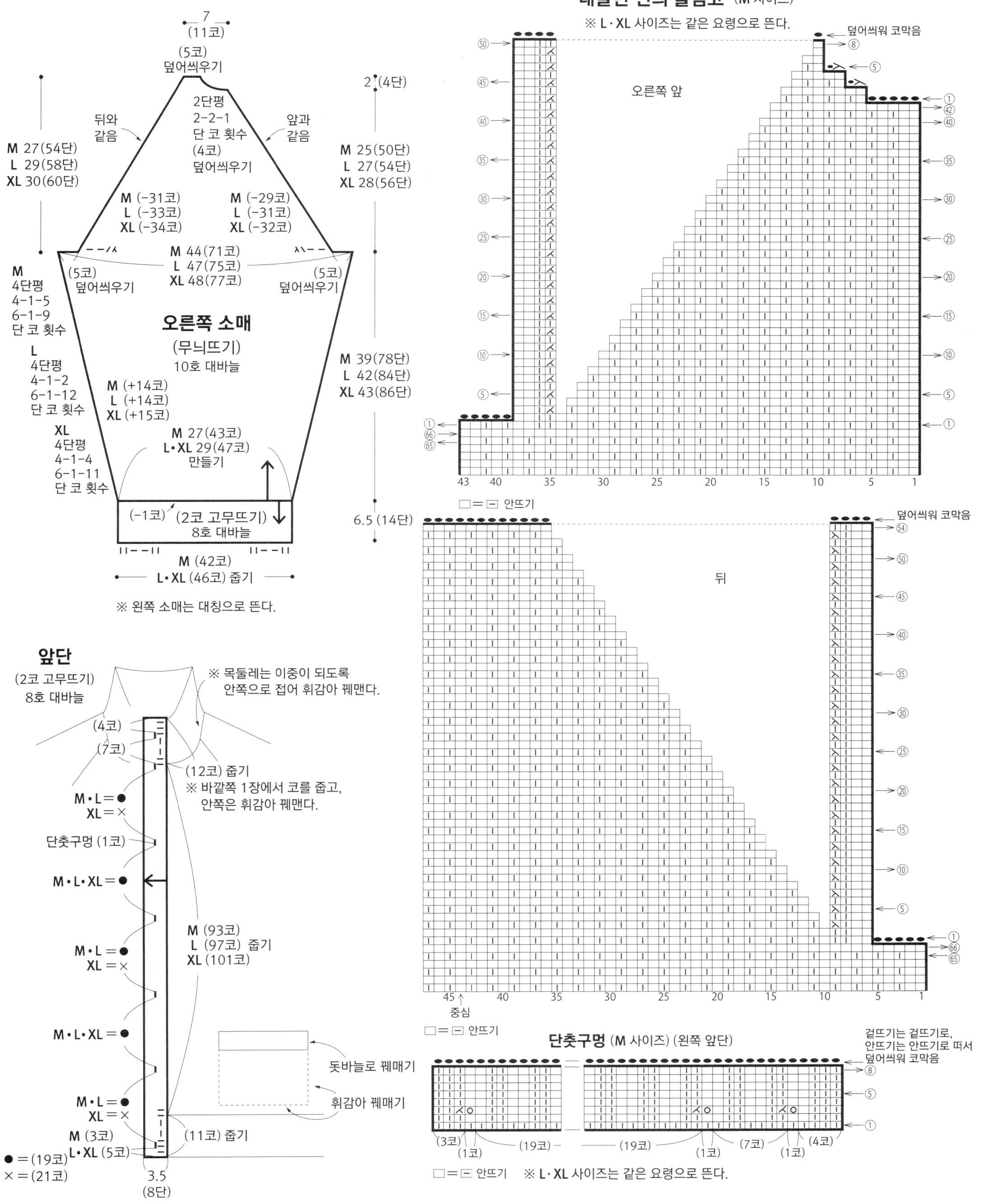

래글런 선의 줄임코 (M 사이즈)
※ L·XL 사이즈는 같은 요령으로 뜬다.
덮어씌워 코막음
오른쪽 앞
□=⊟ 안뜨기
뒤
중심
□=⊟ 안뜨기
단춧구멍 (M 사이즈) (왼쪽 앞단)
겉뜨기는 겉뜨기로, 안뜨기는 안뜨기로 떠서 덮어씌워 코막음
(3코)
(1코)
(19코)
(19코)
(1코)
(7코)
(1코)
(4코)
□=⊟ 안뜨기
※ L·XL 사이즈는 같은 요령으로 뜬다.
7 (11코)
(5코) 덮어씌우기
2단평 2-2-1 단 코 횟수 (4코) 덮어씌우기
뒤와 같음
앞과 같음
2 (4단)
M 27(54단) L 29(58단) XL 30(60단)
M 25(50단) L 27(54단) XL 28(56단)
M (-31코) L (-33코) XL (-34코)
M (-29코) L (-31코) XL (-32코)
M 44(71코) L 47(75코) XL 48(77코)
(5코) 덮어씌우기
(5코) 덮어씌우기
M 4단평 4-1-5 6-1-9 단 코 횟수
L 4단평 4-1-2 6-1-12 단 코 횟수
XL 4단평 4-1-4 6-1-11 단 코 횟수
오른쪽 소매
(무늬뜨기)
10호 대바늘
M 39(78단) L 42(84단) XL 43(86단)
M (+14코) L (+14코) XL (+15코)
M 27(43코) L·XL 29(47코) 만들기
(-1코)
(2코 고무뜨기) 8호 대바늘
6.5 (14단)
M (42코) L·XL (46코) 줍기
※ 왼쪽 소매는 대칭으로 뜬다.
앞단
(2코 고무뜨기) 8호 대바늘
※ 목둘레는 이중이 되도록 안쪽으로 접어 휘감아 꿰맨다.
(4코)
(7코)
(12코) 줍기
※ 바깥쪽 1장에서 코를 줍고, 안쪽은 휘감아 꿰맨다.
M·L=●
XL=×
단춧구멍 (1코)
M·L·XL=●
M·L=●
XL=×
M (93코) L (97코) 줍기 XL (101코)
M·L·XL=●
돗바늘로 꿰매기
휘감아 꿰매기
M·L=●
XL=×
M (3코) L·XL (5코)
(11코) 줍기
●=(19코)
×=(21코)
3.5 (8단)

NO. 22

라운드 요크 스웨터

photo » p.26

준비물

[실] 하마나카 아란 트위드
네이비 (16) 380g = 10볼,
미색 (1) 25g = 1볼 (M 사이즈)
L·XL 사이즈 대략적인 양 :
네이비 11볼, 미색 1볼 (L 사이즈)
네이비 12볼, 미색 1볼 (XL 사이즈)

[바늘] 대바늘 9호, 8호, 7호

게이지

가로세로 각각 10cm 메리야스뜨기 : 16코×22.5단 (8호 대바늘), 배색무늬뜨기 : 16코×22단 (9호 대바늘)

뜨개 포인트

- 앞뒤 몸판과 소매 모두 손가락으로 걸어 시작코를 만들고, 1코 고무뜨기로 뜨기 시작하여 이어서 메리야스뜨기를 합니다. 뒤 몸판은 앞뒤 단차를 6단 뜹니다. 뜨개 마무리는 쉼코로 합니다.
- 밑소매의 늘림코는 1코 안쪽에서 돌려뜨기로 코 늘리기를 합니다.
- 앞뒤 몸판, 소매에 있는 맞춤표 이외의 쉼코에서 코를 주워, 요크를 배색무늬뜨기합니다. 이어서 목둘레를 1코 고무뜨기하고, 뜨개 마무리는 1코 고무뜨기 코막음을 합니다.
- 옆선과 밑소매는 돗바늘로 꿰매고, 맞춤표끼리 메리야스 잇기와 코와 단 잇기를 합니다.

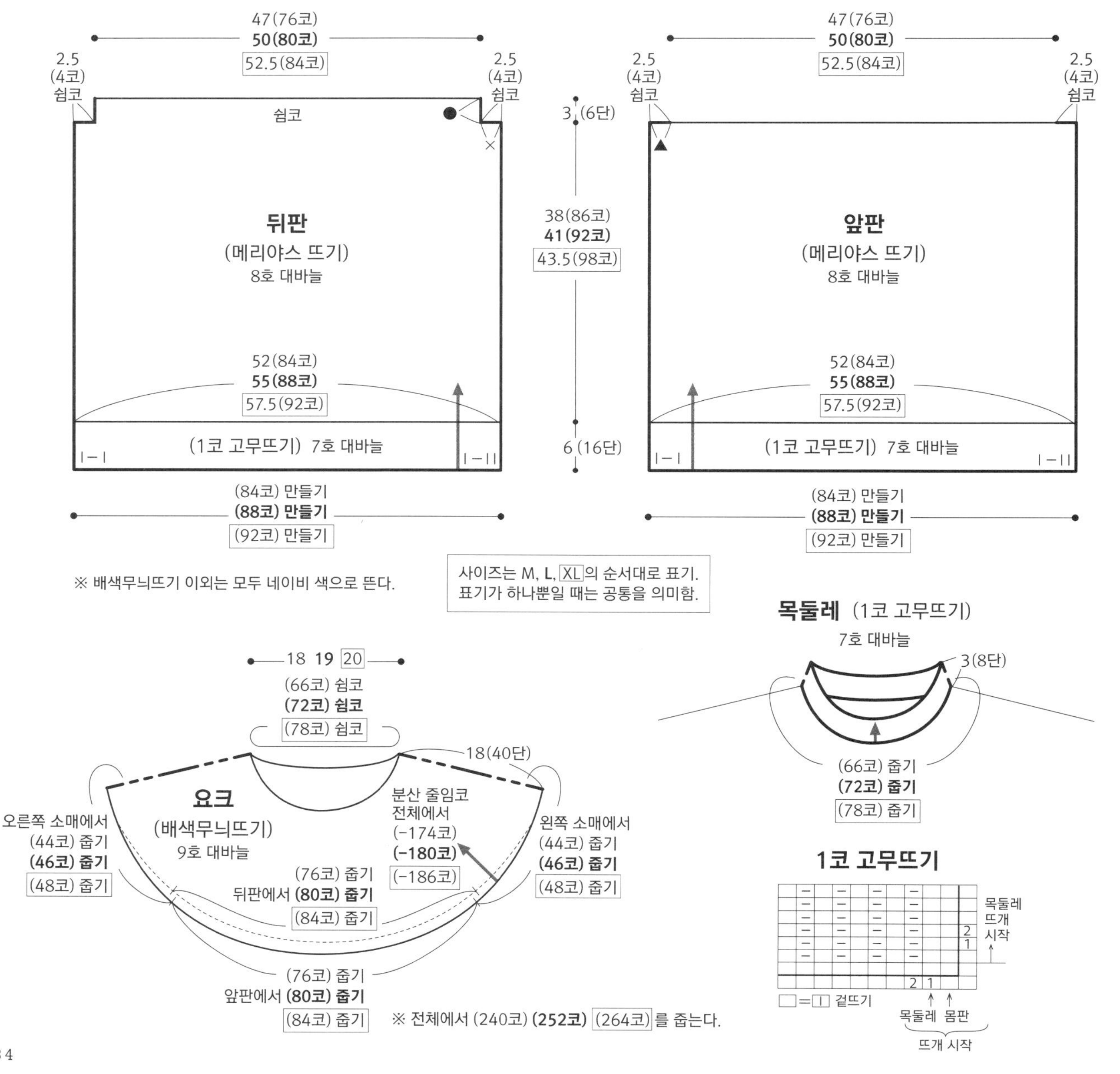

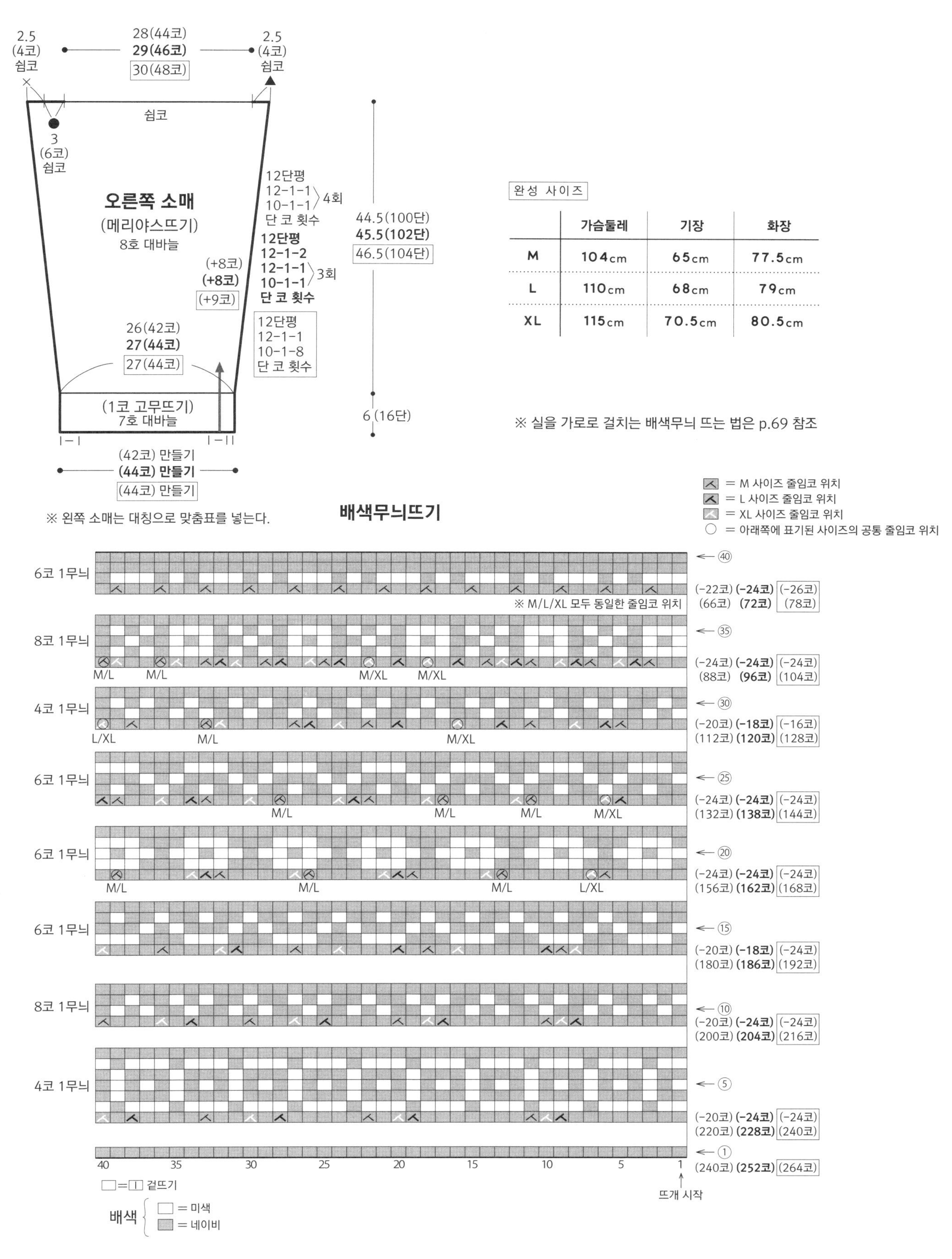

완성 사이즈

	가슴둘레	기장	화장
M	104cm	65cm	77.5cm
L	110cm	68cm	79cm
XL	115cm	70.5cm	80.5cm

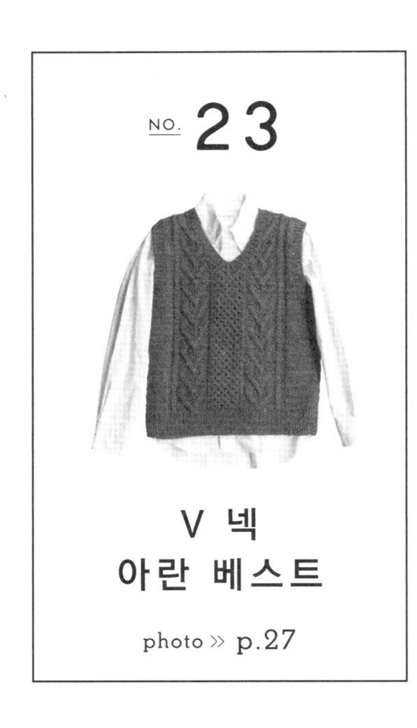

NO. 23

V 넥 아란 베스트

photo » p.27

준비물

[실] 하마나카 맨즈 클럽 마스터
블루 그레이 (51) 370g = 8볼 (M 사이즈)
L·XL 사이즈 대략적인 양 :
8볼 (L 사이즈), 9볼 (XL 사이즈)

[바늘] 대바늘 10호, 8호

게이지

가로세로 각각 10cm 메리야스뜨기 : 14코×21단

완성 사이즈

	가슴둘레	어깨너비	기장
M	106cm	45cm	62cm
L	110cm	45cm	64cm
XL	114cm	46cm	66cm

뜨개 포인트

- 앞뒤 몸판은 별도 사슬로 시작코를 만들어 메리야스뜨기, 무늬뜨기 A, B, A'를 도안에 따라 배치하여 뜹니다.
- 진동 둘레, 목둘레의 줄임코는 2코 이상은 덮어씌우기, 1코의 줄임코는 끝의 1코를 세우는 줄임코를 합니다.
- 아랫단은 별도 사슬을 풀어 코를 주워 1코 고무뜨기를 하고, 뜨개 마무리는 1코 고무뜨기 코막음을 합니다.
- 어깨는 덮어씌워 잇기를 하고, 옆선은 돗바늘로 꿰매어 합칩니다.
- 목둘레와 진동 둘레는 앞뒤 몸판에서 코를 주워 1코 고무뜨기를 하고, 뜨개 마무리는 1코 고무뜨기 코막음을 합니다.

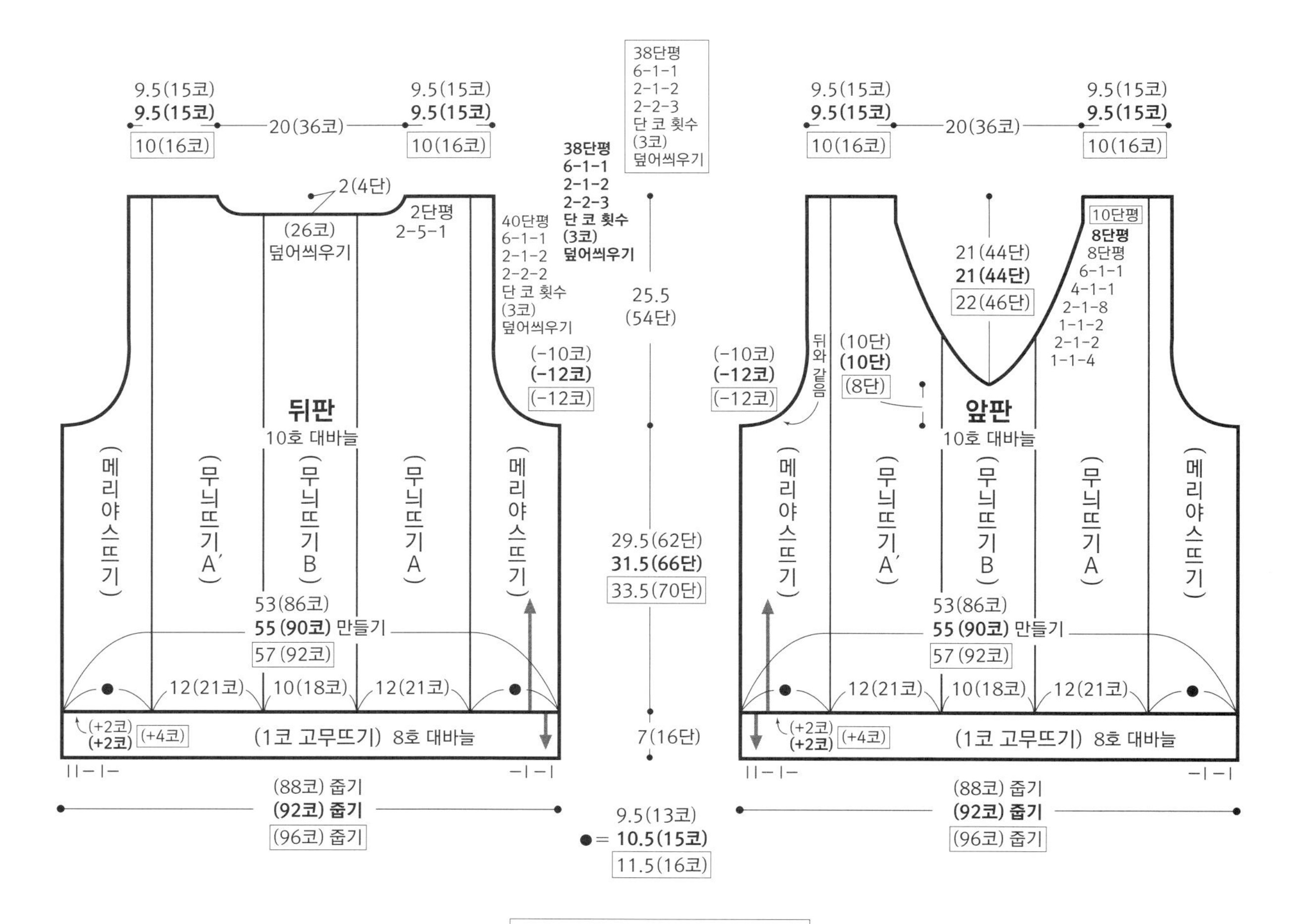

사이즈는 M, L, XL의 순서대로 표기.
표기가 하나뿐일 때는 공통을 의미함.

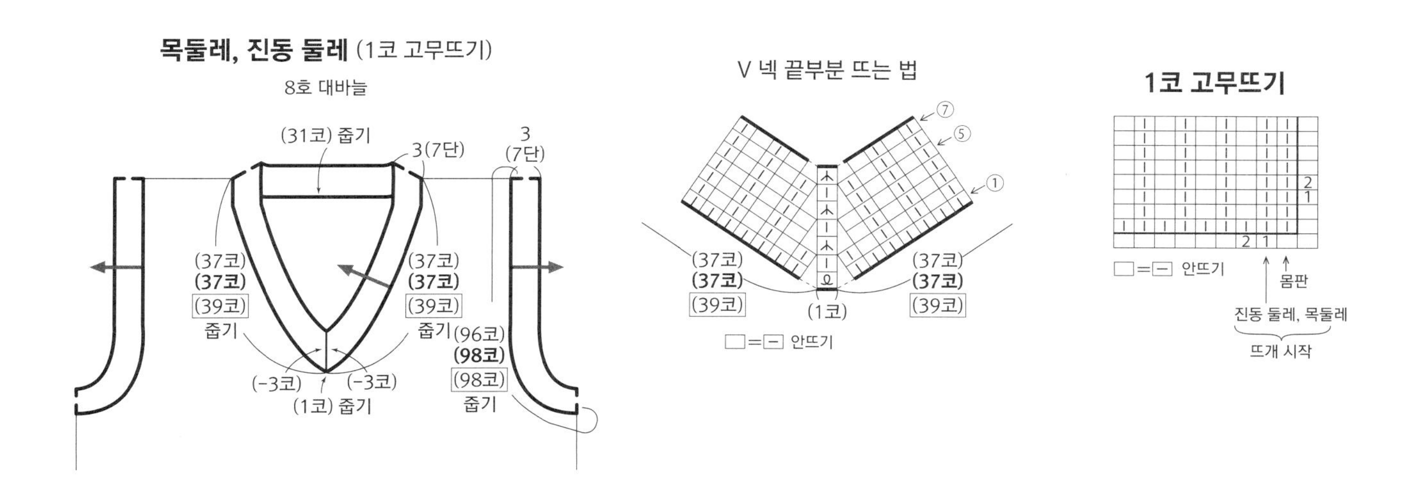

무늬뜨기

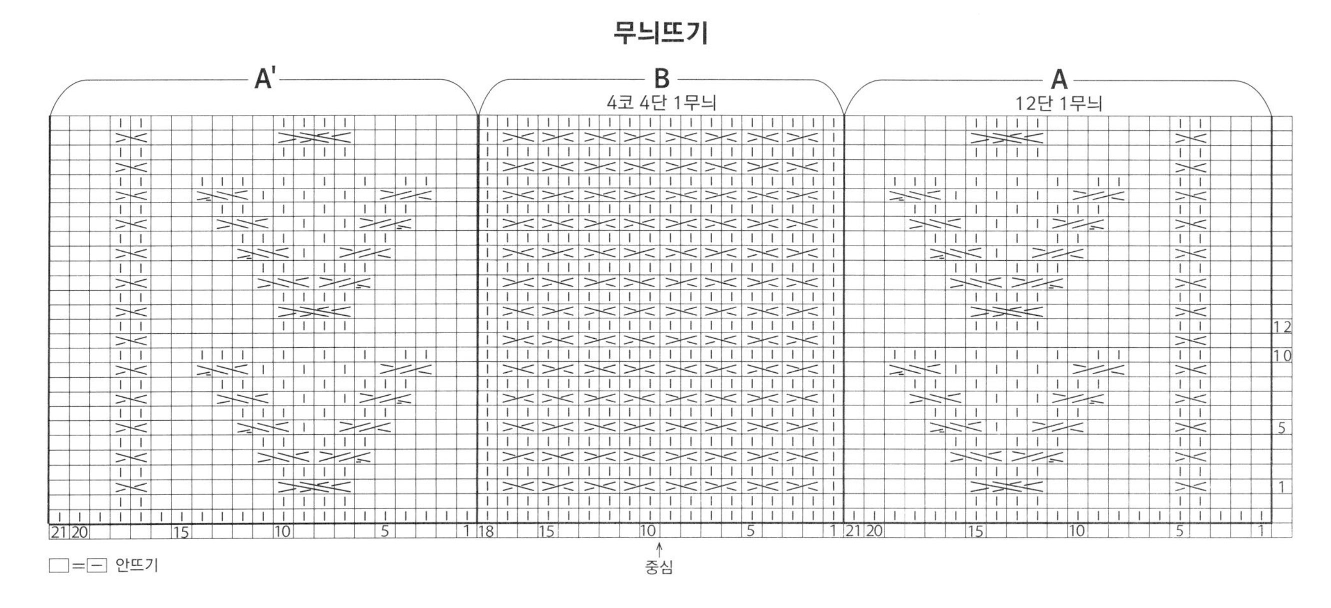

뒤 목둘레

M 사이즈
※ L · XL 사이즈는 같은 요령으로 뜬다.

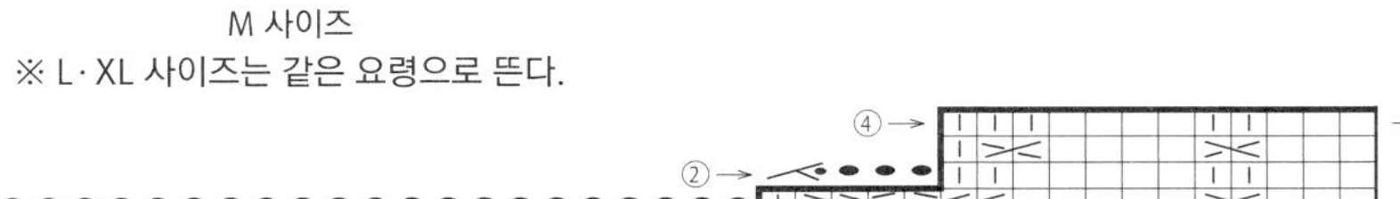
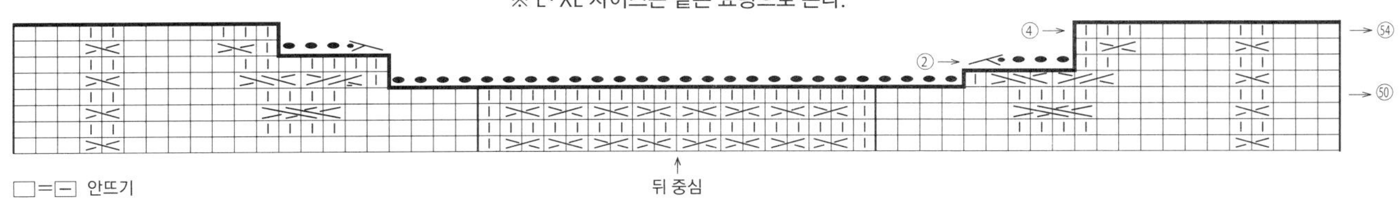

→ NO. 23 V 넥 아란 베스트에서 이어짐

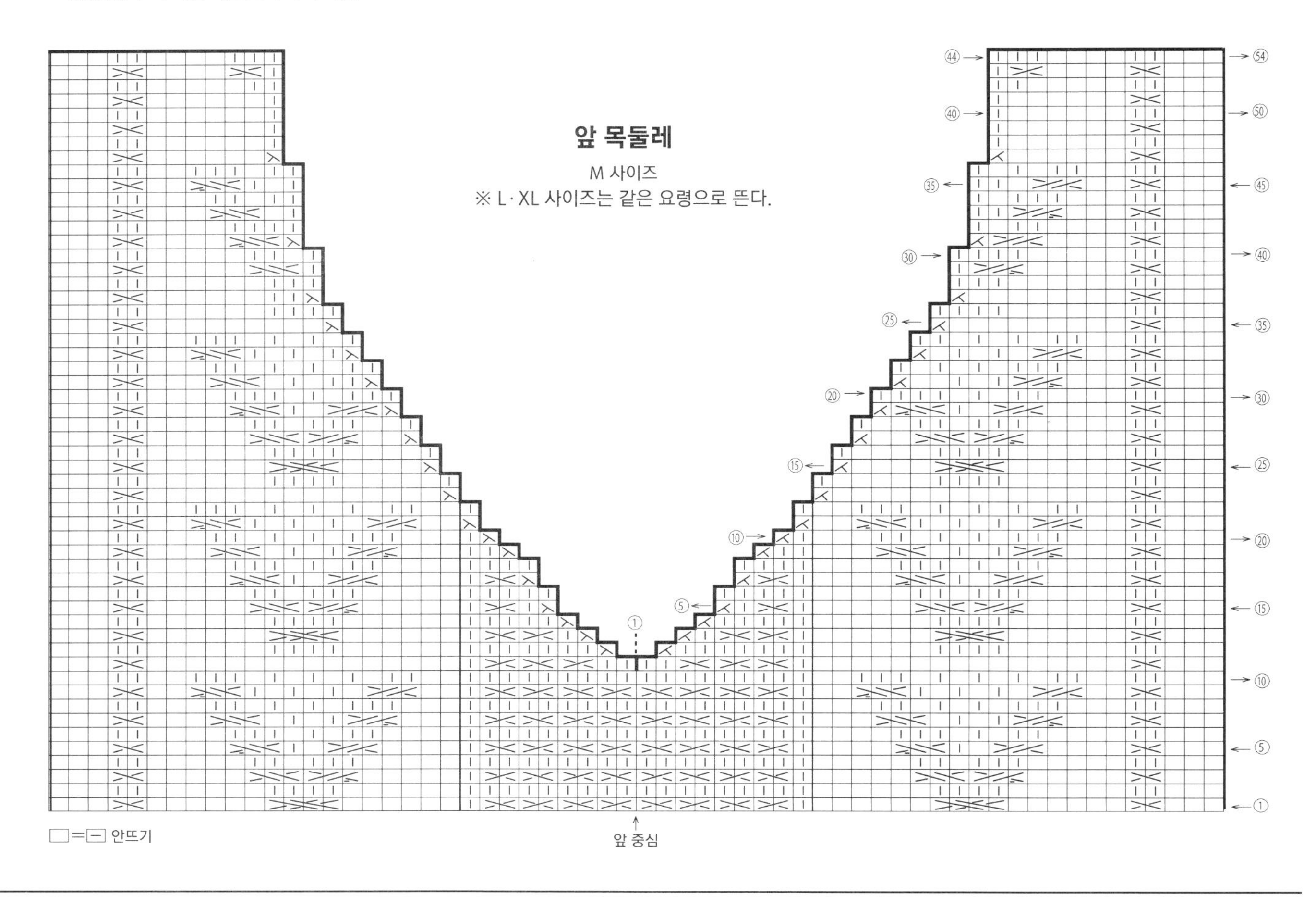

실을 세로로 걸치는 배색무늬 뜨는 법

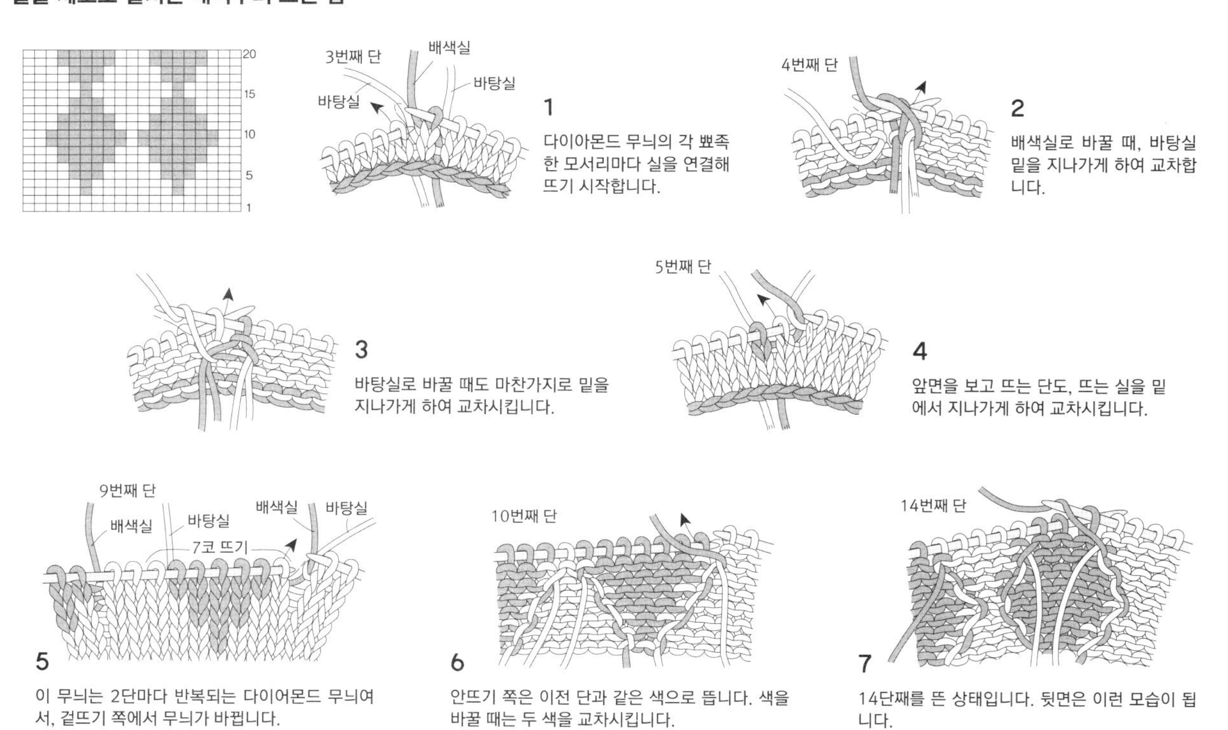

1 다이아몬드 무늬의 각 뾰족한 모서리마다 실을 연결해 뜨기 시작합니다.

2 배색실로 바꿀 때, 바탕실 밑을 지나가게 하여 교차합니다.

3 바탕실로 바꿀 때도 마찬가지로 밑을 지나가게 하여 교차시킵니다.

4 앞면을 보고 뜨는 단도, 뜨는 실을 밑에서 지나가게 하여 교차시킵니다.

5 이 무늬는 2단마다 반복되는 다이어몬드 무늬여서, 겉뜨기 쪽에서 무늬가 바뀝니다.

6 안뜨기 쪽은 이전 단과 같은 색으로 뜹니다. 색을 바꿀 때는 두 색을 교차시킵니다.

7 14단째를 뜬 상태입니다. 뒷면은 이런 모습이 됩니다.

NO. 30

케이블 머플러

photo » p.34

준비물

[실] 하마나카 아메리 L (극태)
빨간색 (106) 235g = 6볼

[바늘] 대바늘 13호

게이지

가로세로 각각 10cm 무늬뜨기 : 22코×19단

완성 사이즈

폭 17cm, 길이 141cm

뜨개 포인트

- 손가락으로 걸어 시작코를 만들어 뜨기 시작해서, 1코 고무뜨기로 5단을 뜹니다.
- 1코 늘림코를 하여 무늬뜨기로 259단을 뜹니다. 1코 줄임코를 하여 1코 고무뜨기로 5단을 뜹니다.
- 뜨개 마무리는 겉뜨기는 겉뜨기, 안뜨기는 안뜨기로 덮어씌워 코막음을 합니다.

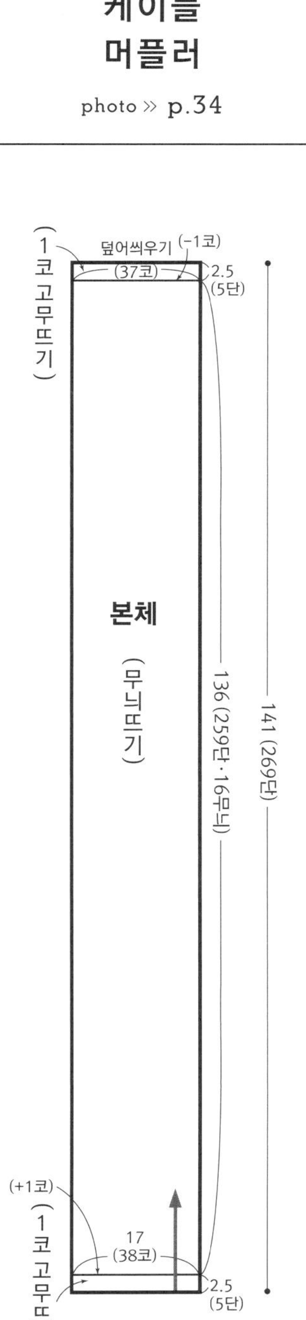

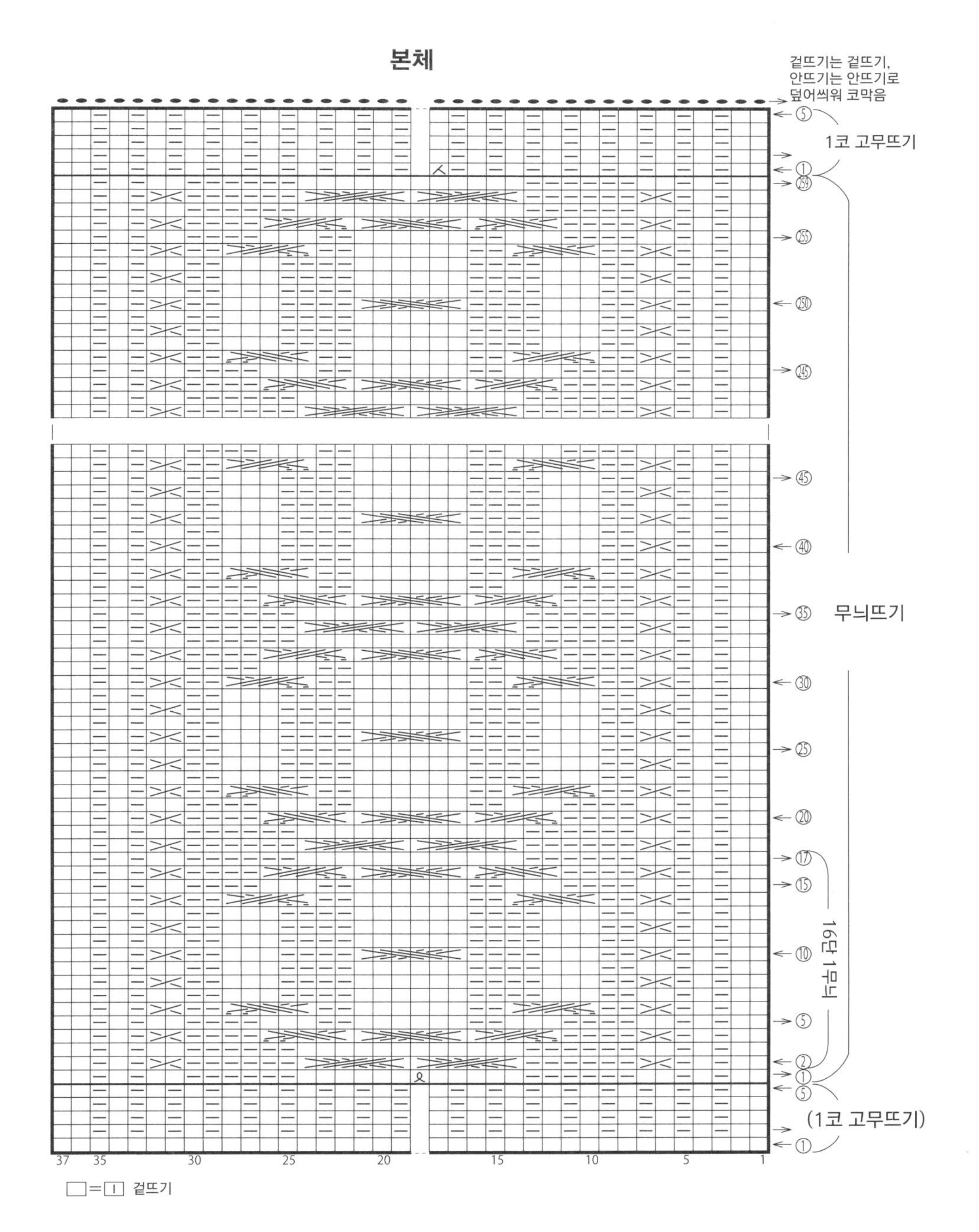

NO. 24

심플 스웨터

photo » p.28

준비물

[실] 하마나카 아란 트위드
감색 (11) 520g = 13볼,
빨간색 (6) 20g = 1볼 (M 사이즈)
L·XL 사이즈 대략적인 양 :
감색 14볼, 빨간색 1볼 (L 사이즈)
감색 16볼, 빨간색 1볼 (XL 사이즈)

[바늘] 대바늘 7호, 5호

게이지

가로세로 각각 10cm 무늬뜨기 : 17코×25단

완성 사이즈

	가슴둘레	기장	화장
M	110cm	67cm	83.5cm
L	114cm	70cm	86.5cm
XL	122cm	72cm	89.5cm

뜨개 포인트

- 앞뒤 몸판과 소매 모두 손가락으로 걸어 시작코를 만들고, 2코 고무뜨기로 뜨기 시작하여 이어서 무늬뜨기를 합니다.
- 2코 이상의 줄임코는 덮어씌우기, 래글런 선은 끝의 2코를 세우는 줄임코, 그 이외의 1코의 줄임코는 끝의 1코를 세우는 줄임코로 합니다. 밑소매의 늘림코는 1코 안쪽에서 돌려뜨기로 코 늘리기를 합니다.
- 겨드랑이의 덮어씌우기코는 메리야스 잇기를 하고, 래글런 선과 옆선, 밑소매는 돗바늘로 꿰매어 합칩니다.
- 목둘레부터 코를 주워 2코 고무뜨기를 하고, 겉뜨기는 겉뜨기, 안뜨기는 안뜨기로 떠서 덮어씌워 코막음을 합니다.

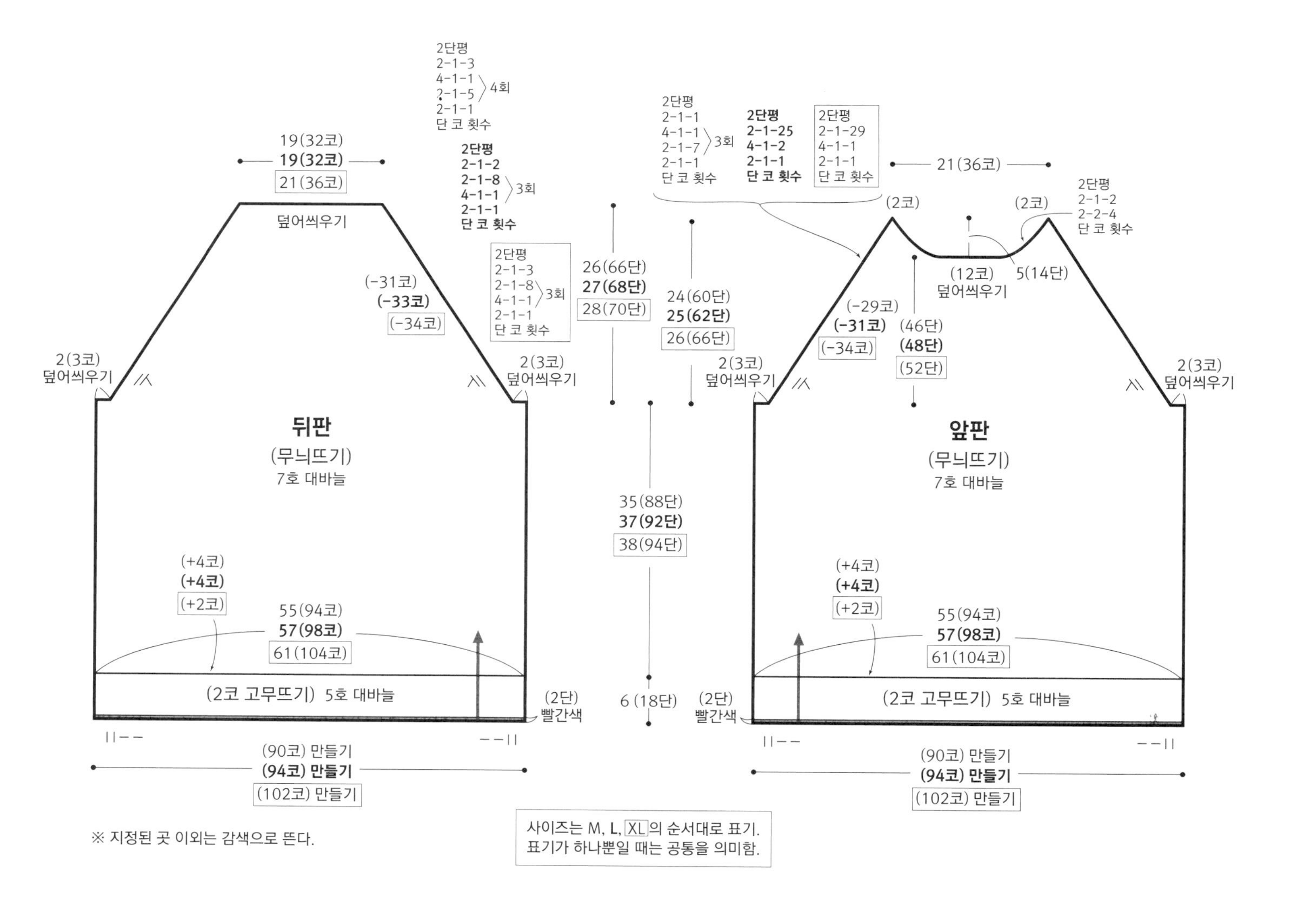

목둘레 (2코 고무뜨기)

5호 대바늘 감색

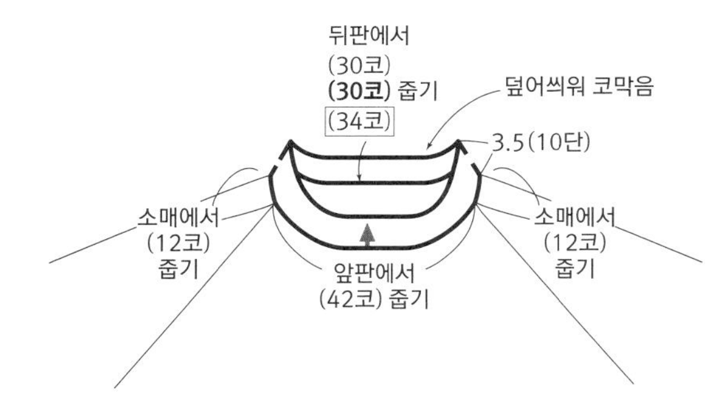

2코 고무뜨기

□=□ 겉뜨기

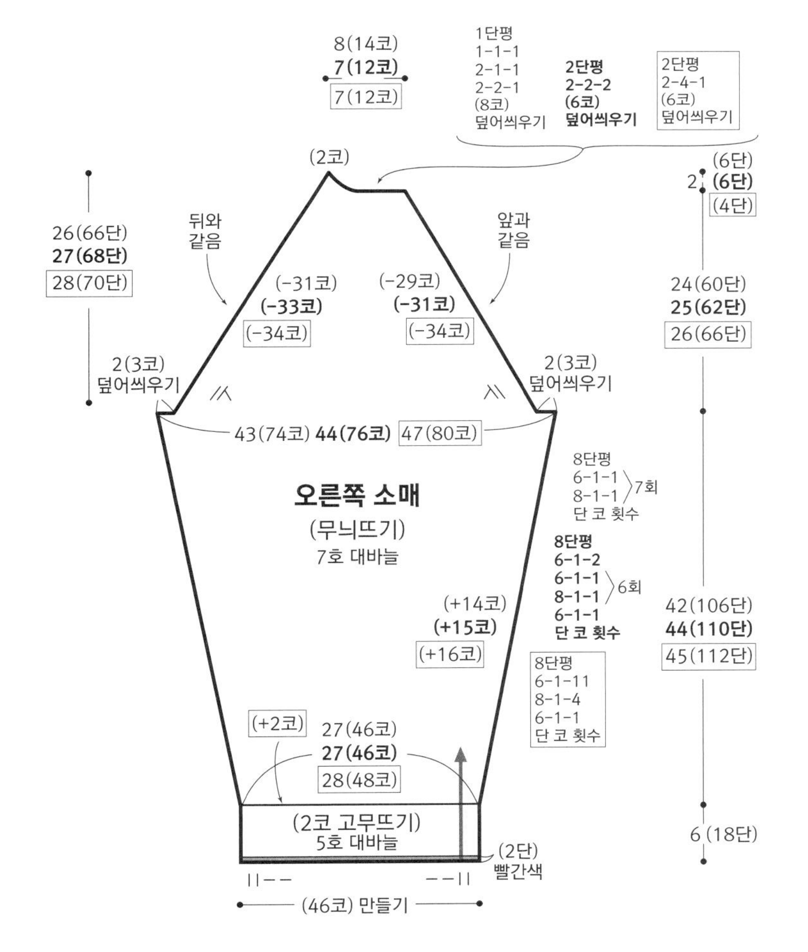

※ 왼쪽 소매는 대칭으로 뜬다.

※ 지정된 곳 이외는 감색으로 뜬다.

무늬뜨기

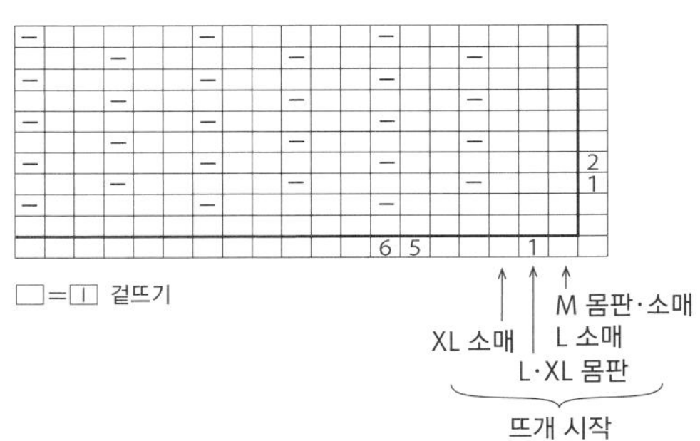

2코 고무뜨기 줄무늬 (아랫단, 소맷부리)

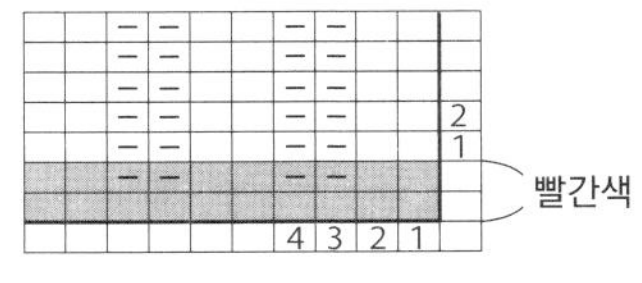

NO. 26

페어 아일 베스트

photo » p.30

준비물

[실] 하마나카 아메리
차콜 그레이 (30) 230g = 6볼,
잉크 블루 (16) 25g = 1볼,
블루 그린 (12) 15g = 1볼,
그레이시 옐로우 (1) 5g = 1볼 (M 사이즈)
L·XL 사이즈 대략적인 양 :
차콜 그레이 7볼, 잉크 블루·블루 그린·그레이시 옐로우 각각 1볼 (L 사이즈)
차콜 그레이 7볼, 잉크 블루·블루 그린·그레이시 옐로우 각각 1볼 (XL 사이즈)

[바늘] 대바늘 5호, 6호, 3호

게이지

가로세로 각각 10cm 메리야스뜨기 (5호 대바늘) : 23코×30단, 배색무늬뜨기 (6호 대바늘) : 23코×25단

뜨개 포인트

- 몸판은 손가락으로 걸어 시작코를 만들어 뜨기 시작하고, 뒤 몸판은 차콜 그레이 색으로 2코 고무뜨기와 메리야스뜨기를 합니다. 앞 몸판은 2코 고무뜨기와 배색무늬뜨기를 합니다. 진동 둘레, 목둘레, 뒤 어깨처짐의 줄임코는 2코 이상은 덮어씌우기, 1코는 끝의 1코를 세우는 줄임코로 합니다.
- 어깨는 메리야스 잇기, 옆선은 돗바늘로 꿰맵니다. 목둘레, 진동 둘레는 지정된 콧수를 주워 2코 고무뜨기로 원형뜨기를 합니다. V 넥 끝부분의 줄임코는 도안을 참조합니다. 뜨개 마무리는 겉뜨기는 겉뜨기로, 안뜨기는 안뜨기로 떠서 덮어씌워 코막음을 합니다.

완성 사이즈

	가슴둘레	어깨너비	기장
M	102cm	38cm	62cm
L	106cm	40cm	65cm
XL	112cm	43cm	68cm

※ 사이즈별 표기가 없는 부분은 공통

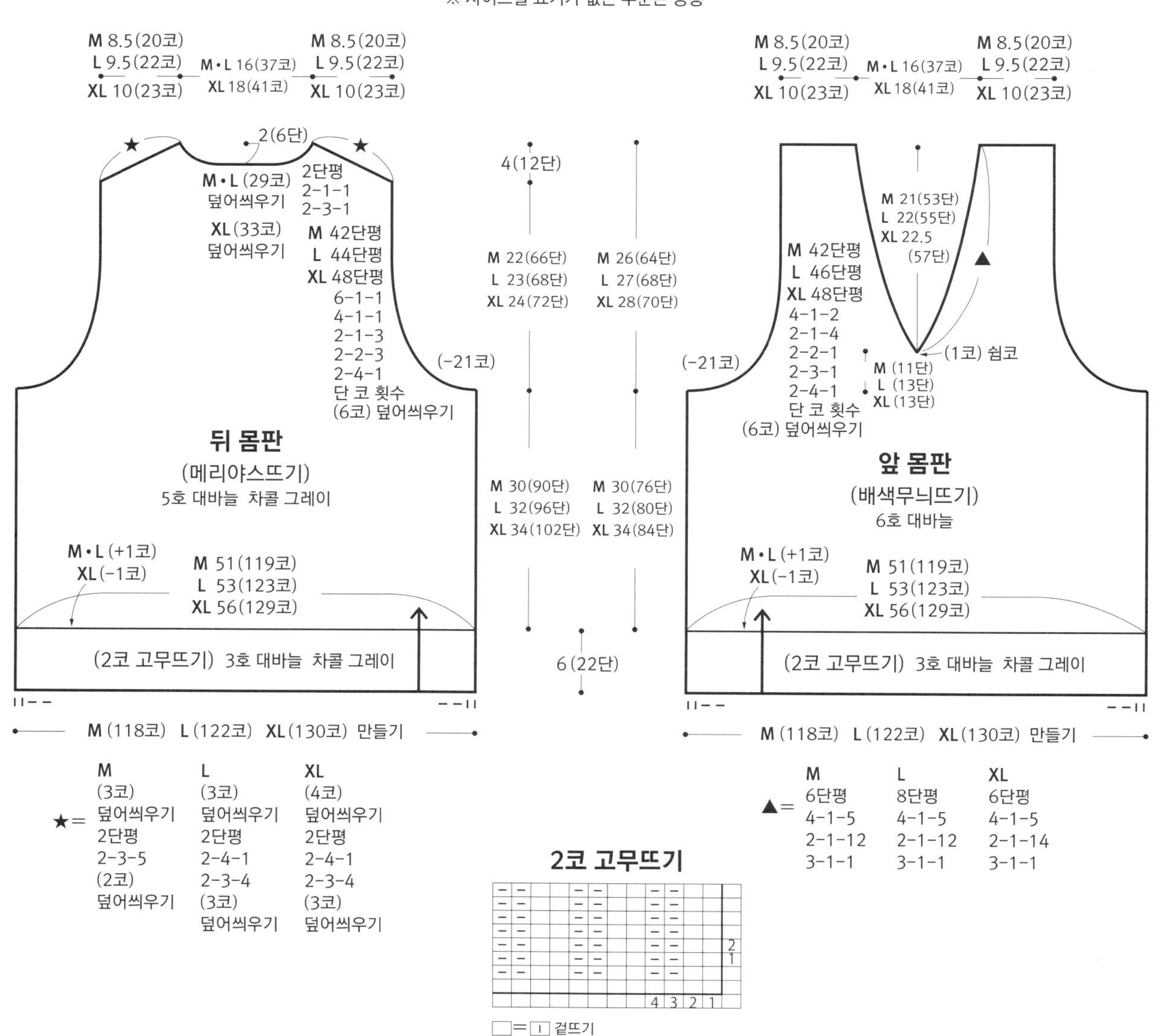

→ NO. 26 페어 아일 베스트에서 이어짐

배색무늬뜨기 (앞 몸판)

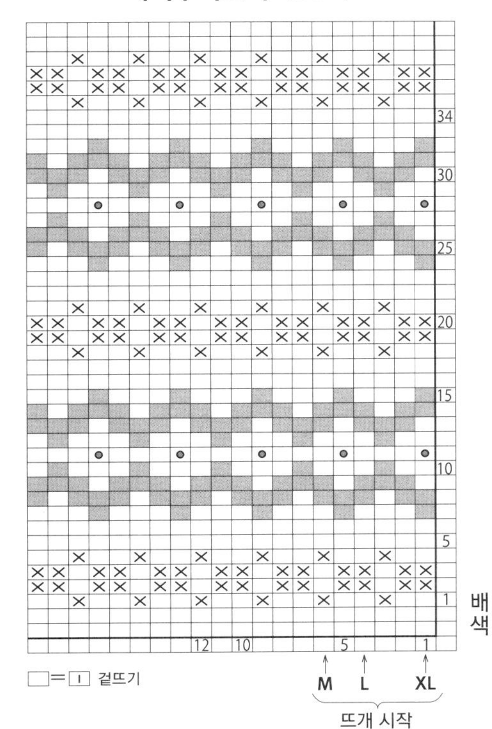

□=□ 겉뜨기

배색
- □ = 차콜 그레이
- ⊠ = 블루 그린
- ▒ = 잉크 블루
- ◉ = 그레이시 옐로우

※ 실을 가로로 걸치는 배색무늬 뜨는 법은 P.69 참조

목둘레, 진동 둘레 (2코 고무뜨기)

3호 대바늘 차콜 그레이

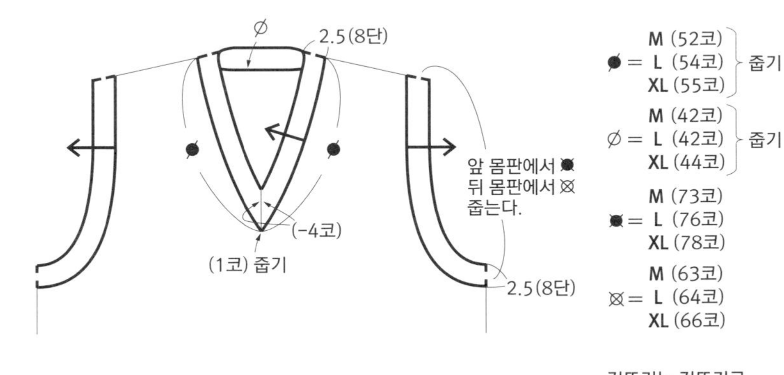

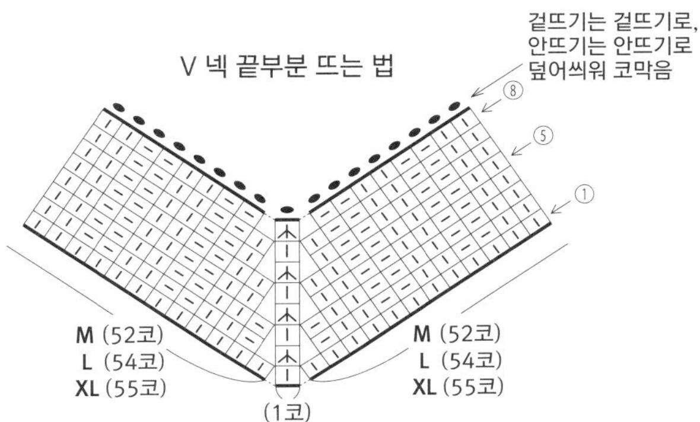

→ NO. 28 아가일 베스트에서 이어짐

목둘레, 진동 둘레 (1코 고무뜨기)

7호 대바늘 짙은 감색

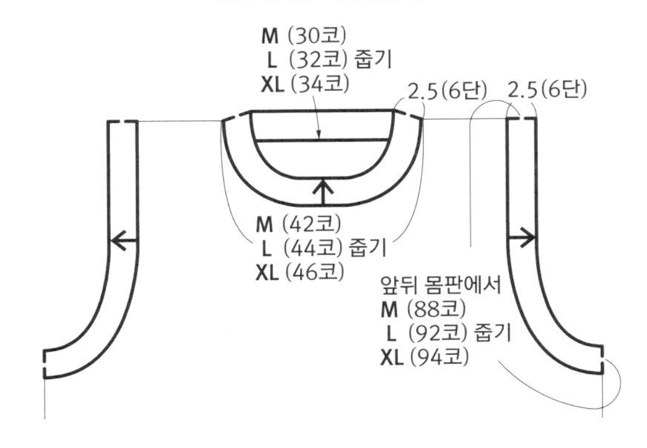

※ 실을 세로로 걸치는 배색무늬 뜨는 법은 P.88 참조

배색무늬뜨기

13코 52단 1무늬

배색
- □ = 짙은 감색
- ▒ = 연지색
- ▓ = 연회색

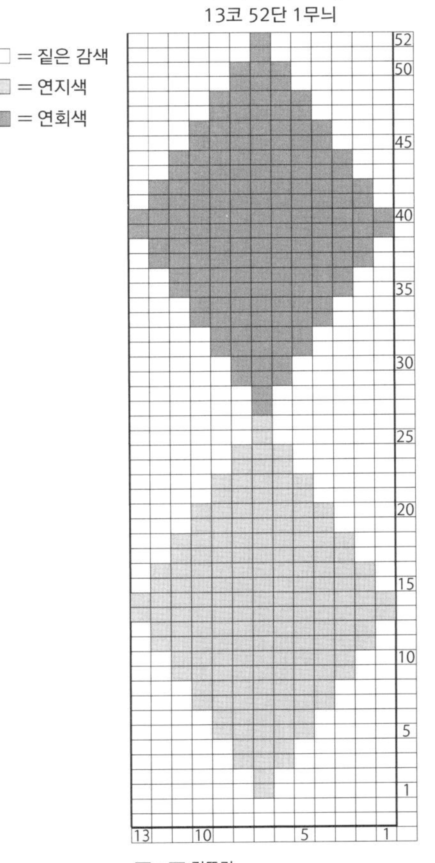

□=□ 겉뜨기

NO. 28

아가일 베스트

photo » p.32

준비물

[실] 하마나카 맨즈 클럽 마스터
짙은 감색 (7) 315g = 7볼, 연지색 (9) · 연회색 (56) 각각 8g = 각각 1볼 (M 사이즈)
L·XL 사이즈 대략적인 양 :
짙은 감색 8볼, 연지색 · 연회색 각각 1볼 (L 사이즈)
짙은 감색 9볼, 연지색 · 연회색 각각 1볼 (XL 사이즈)

[바늘] 대바늘 10호, 7호

게이지

가로세로 각각 10cm 메리야스뜨기, 배색무늬뜨기 :
15.5코×20단

뜨개 포인트

- 몸판은 손가락으로 걸어 시작코를 만들고, 1코 고무뜨기부터 뜨기 시작하여 진동 둘레, 목둘레의 줄임코는 2코 이상은 덮어씌우기, 1코는 끝의 1코를 세우는 줄임코로 합니다. 앞 몸판의 중심은 실을 세로로 걸치는 배색뜨기를 합니다.
- 어깨는 빼뜨기로 잇고, 옆선은 돗바늘로 꿰맵니다. 목둘레와 진동 둘레는 코를 주워 1코 고무뜨기를 하고, 뜨개 마무리는 겉뜨기는 겉뜨기, 안뜨기는 안뜨기로 떠서 덮어씌워 코막음을 합니다.

완성 사이즈

	가슴둘레	어깨너비	기장
M	102cm	38cm	62cm
L	108cm	41cm	65cm
XL	114cm	43cm	68cm

※ 사이즈별 표기가 없는 부분은 공통

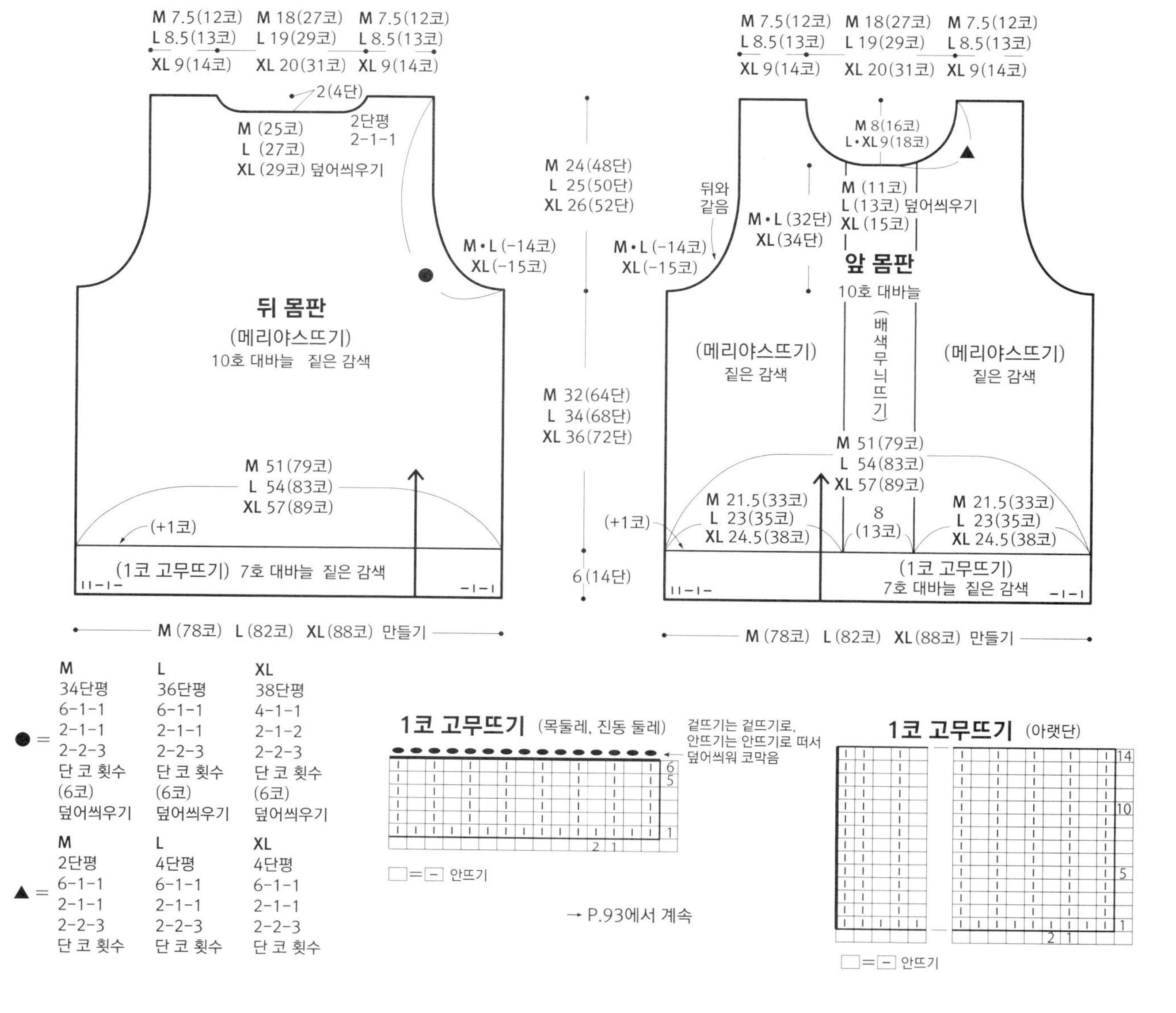

→ P.93에서 계속

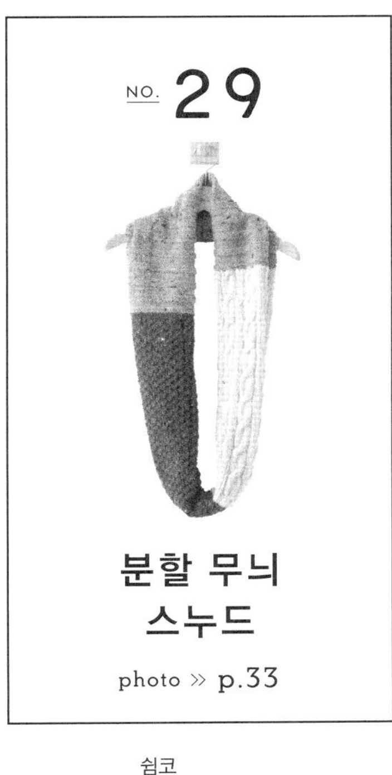

NO. 29

분할 무늬 스누드

photo » p.33

준비물

[실] 하마나카 아란 트위드
미색 (1) 90g = 3볼, 그레이 (3) 75g = 2볼,
차콜 그레이 (9) 70g = 2볼

[바늘] 대바늘 8호

게이지

가로세로 각각 10cm 무늬뜨기 A : 17코×29단,
무늬뜨기 B : 25코×25.5단, 무늬뜨기 C : 17코×27단

완성 사이즈

목둘레 67.5cm, 길이 28cm

뜨개 포인트

- 별도 사슬로 시작코를 만들어 뜨기 시작해서, 그레이 색으로 무늬뜨기 A를 130단 뜹니다. 미색으로 바꿔 22코를 늘림코로 하고, 무늬뜨기 B로 114단을 뜹니다. 차콜 그레이 색으로 바꾸어 22코를 줄임코로 하고, 무늬뜨기 C로 122단을 뜹니다. 뜨개 마무리는 쉼코로 합니다.
- 시작코의 별도 사슬을 풀어서, 뜨개 끝과 겉이 맞닿게 겹쳐둔 채 차콜 그레이 색을 써서 빼뜨기로 잇습니다.

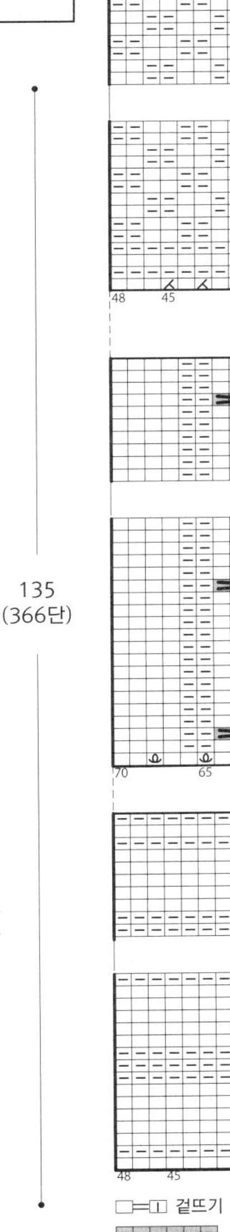

※ 모두 8호 대바늘로 뜬다.

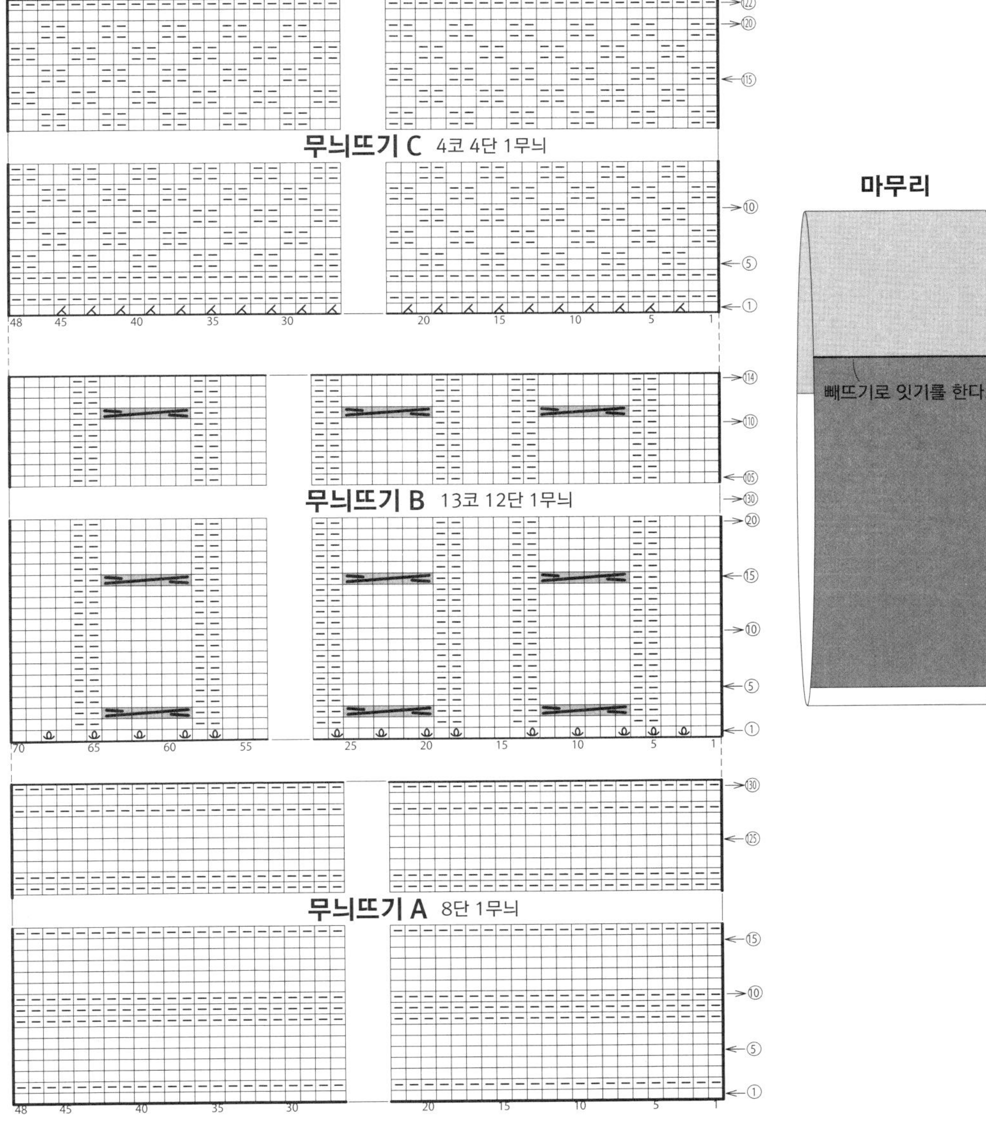

NO. 27

전통 무늬 아란 스웨터

photo » p.31

준비물

[실] 하마나카 맨즈 클럽 마스터
남색 (69) 735g = 15볼 (M 사이즈)
L·XL 사이즈 대략적인 양 :
16볼 (L 사이즈), 17볼 (XL 사이즈)

[바늘] 대바늘 10호

게이지

가로세로 각각 10cm 무늬뜨기 : 20코×21단,
멍석뜨기 : 16코×21단

완성 사이즈

	가슴둘레	기장	화장
M	108cm	68cm	83cm
L	116cm	70cm	85.5cm
XL	122cm	72cm	88cm

뜨개 포인트

- 몸판과 소매는 손가락으로 걸어 시작코를 만들고, 2코 고무뜨기부터 뜨기 시작합니다. 아랫단에서 늘림코를 하여 중심을 무늬뜨기하고, 양쪽 끝을 멍석뜨기로 뜹니다. 래글런 선의 줄임코는 끝의 3코를 세우는 줄임코로 합니다. 앞 목둘레의 줄임코는 2코 이상은 덮어씌우기, 1코는 끝의 1코를 세우는 줄임코로 합니다. 소매도 몸판과 같은 방식으로 뜨고, 밑소매의 늘림코는 1코 안쪽에서 돌려뜨기로 코 늘리기를 합니다.
- 래글런 선과 옆선, 밑소매는 돗바늘로 꿰매고, 겨드랑이의 덮어씌우기코는 메리야스 잇기를 합니다. 목둘레는 앞뒤 몸판과 소매에서 코를 주워 2코 고무뜨기를 하고, 뜨개 마무리는 겉뜨기는 겉뜨기, 안뜨기는 안뜨기로 떠서 덮어씌워 코막음을 합니다.

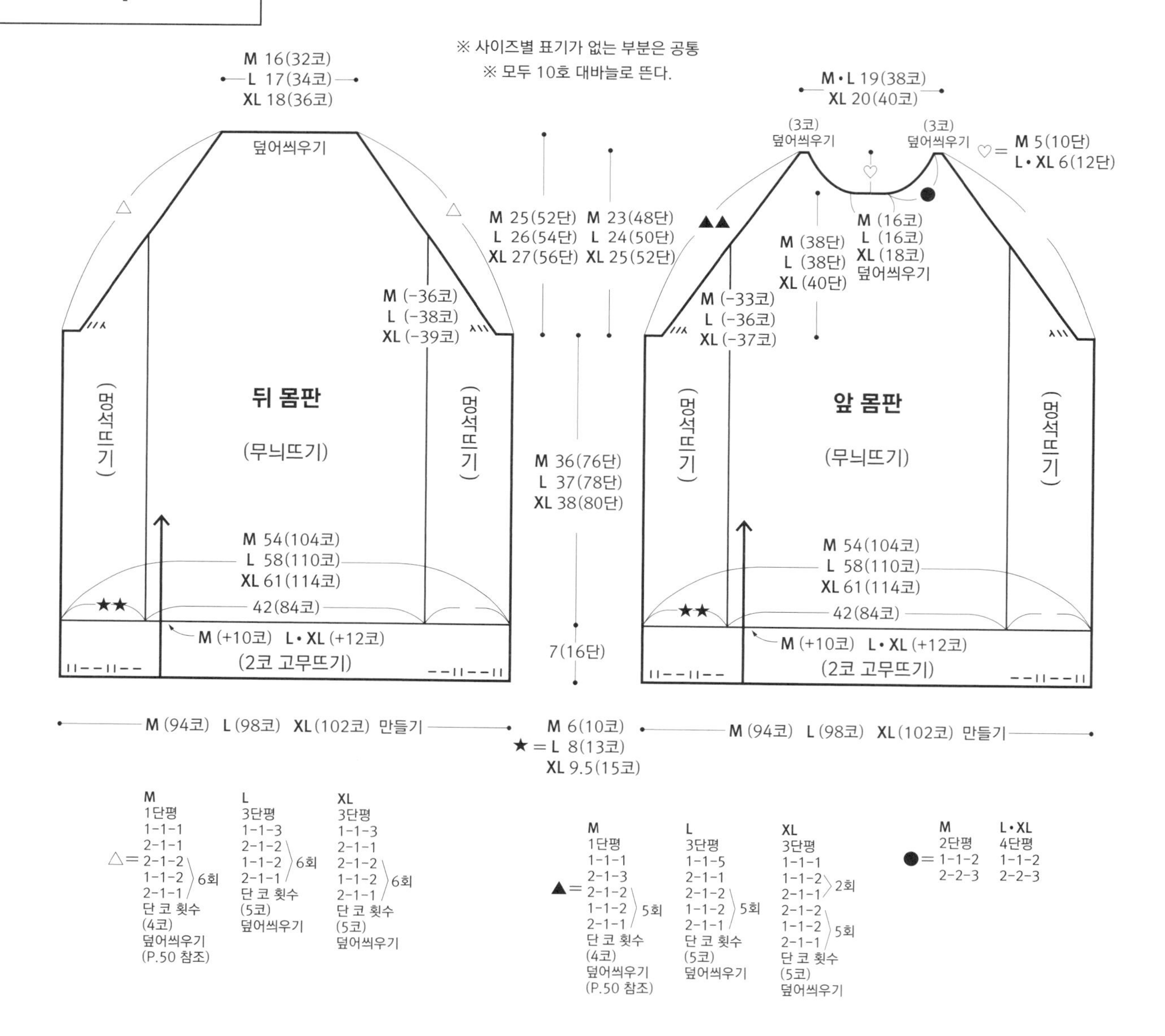

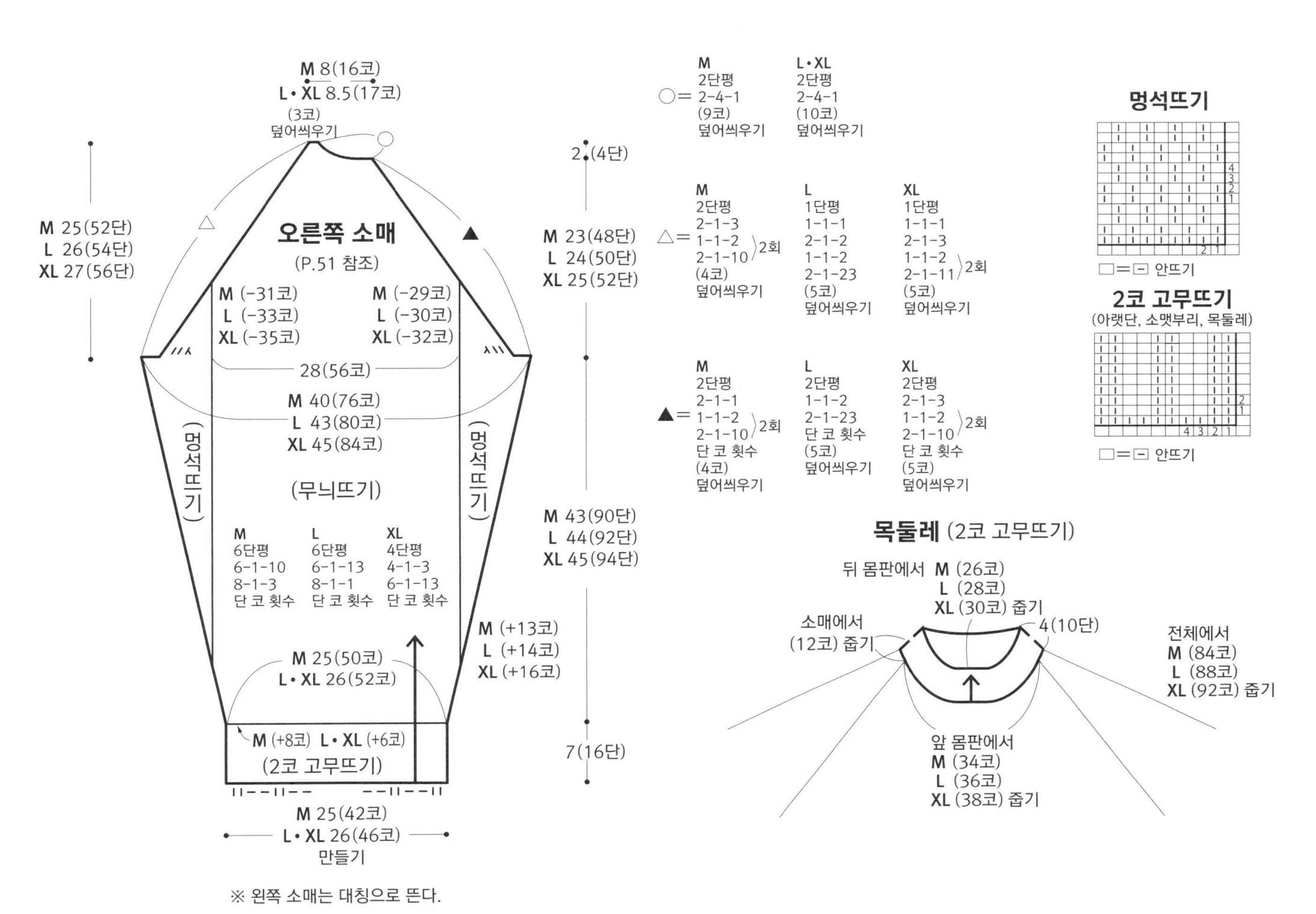

M 8(16코)
L • XL 8.5(17코)
(3코)
덮어씌우기
2(4단)
M 25(52단)
L 26(54단)
XL 27(56단)
오른쪽 소매
(P.51 참조)
M 23(48단)
L 24(50단)
XL 25(52단)
M (-31코)
L (-33코)
XL (-35코)
M (-29코)
L (-30코)
XL (-32코)
28(56코)
M 40(76코)
L 43(80코)
XL 45(84코)
(멍석뜨기)
(무늬뜨기)
M
6단평
6-1-10
8-1-3
단 코 횟수
L
6단평
6-1-13
8-1-1
단 코 횟수
XL
4단평
4-1-3
6-1-13
단 코 횟수
M 43(90단)
L 44(92단)
XL 45(94단)
M (+13코)
L (+14코)
XL (+16코)
M 25(50코)
L • XL 26(52코)
M (+8코) L • XL (+6코)
(2코 고무뜨기)
7(16단)
M 25(42코)
L • XL 26(46코)
만들기
※ 왼쪽 소매는 대칭으로 뜬다.
M
2단평
2-4-1
(9코)
덮어씌우기
L • XL
2단평
2-4-1
(10코)
덮어씌우기
M
2단평
2-1-3
1-1-2
2-1-10 2회
(4코)
덮어씌우기
L
1단평
1-1-1
2-1-2
1-1-2
2-1-23
(5코)
덮어씌우기
XL
1단평
1-1-1
2-1-3
1-1-2
2-1-11 2회
(5코)
덮어씌우기
M
2단평
2-1-1
1-1-2
2-1-10 2회
단 코 횟수
(4코)
덮어씌우기
L
2단평
1-1-2
2-1-23
단 코 횟수
(5코)
덮어씌우기
XL
2단평
2-1-3
1-1-2
2-1-10 2회
단 코 횟수
(5코)
덮어씌우기
멍석뜨기
□=⊟ 안뜨기
2코 고무뜨기
(아랫단, 소맷부리, 목둘레)
□=⊟ 안뜨기
목둘레 (2코 고무뜨기)
뒤 몸판에서 M (26코)
L (28코)
XL (30코) 줍기
4(10단)
소매에서
(12코) 줍기
전체에서
M (84코)
L (88코)
XL (92코) 줍기
앞 몸판에서
M (34코)
L (36코)
XL (38코) 줍기

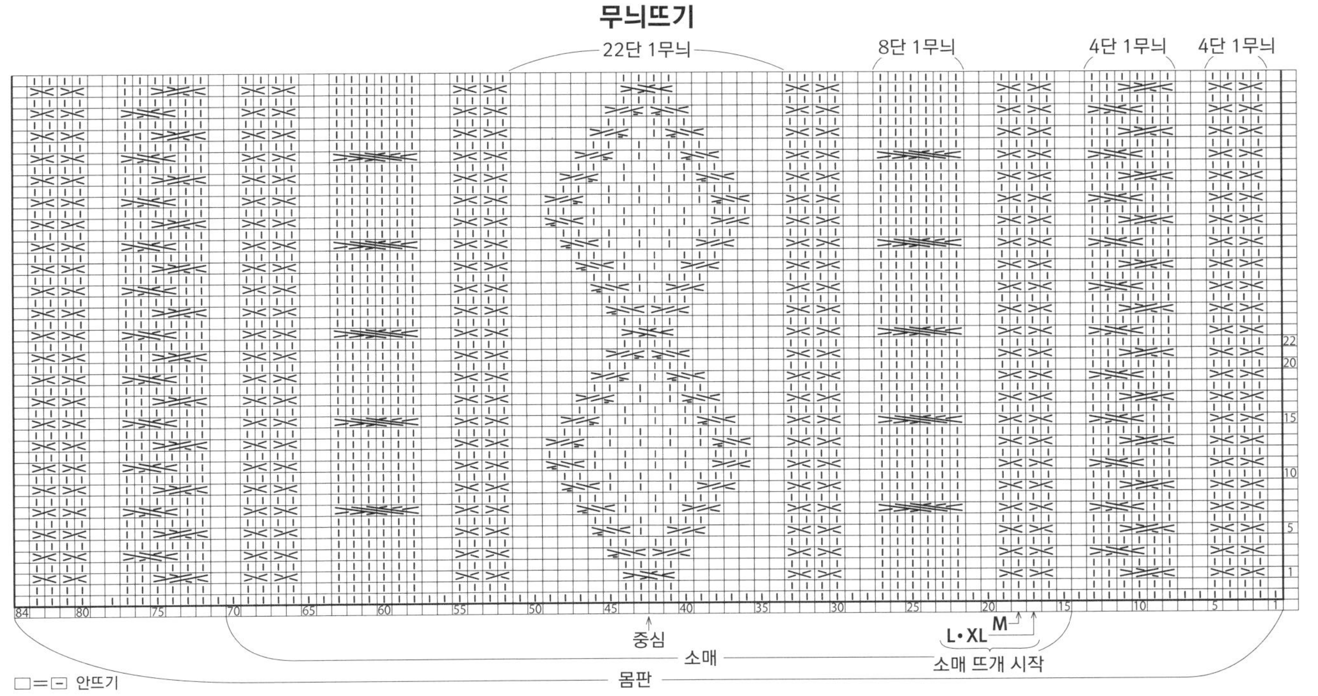

무늬뜨기
22단 1무늬
8단 1무늬
4단 1무늬
4단 1무늬
중심
L • XL
M
소매
소매 뜨개 시작
몸판
□=⊟ 안뜨기

래글런 선의 줄임코 (M 사이즈)

※ L·XL 사이즈는 같은 요령으로 뜬다.

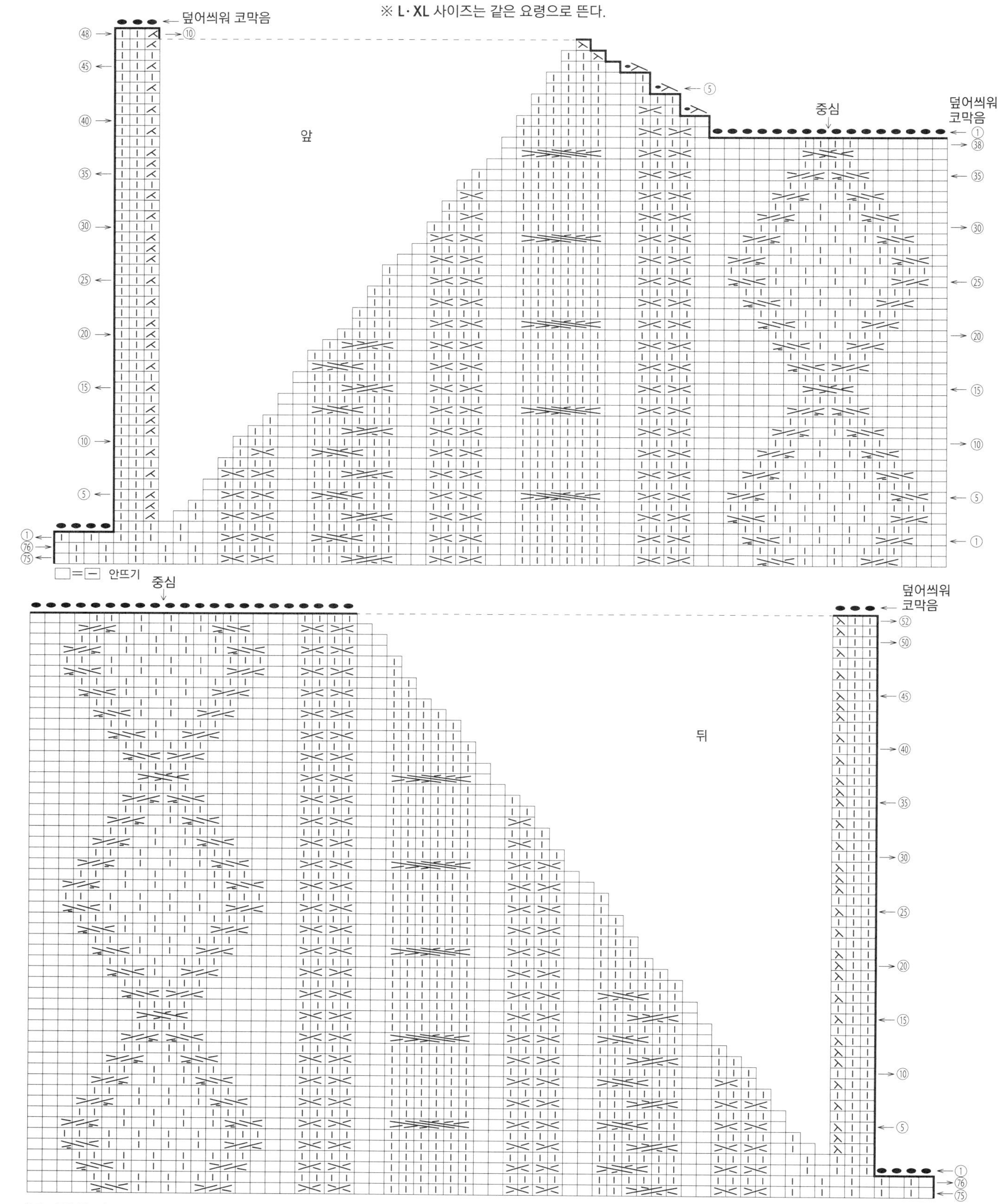

오른쪽 소매 (M 사이즈)

※ L·XL 사이즈는 같은 요령으로 뜬다.

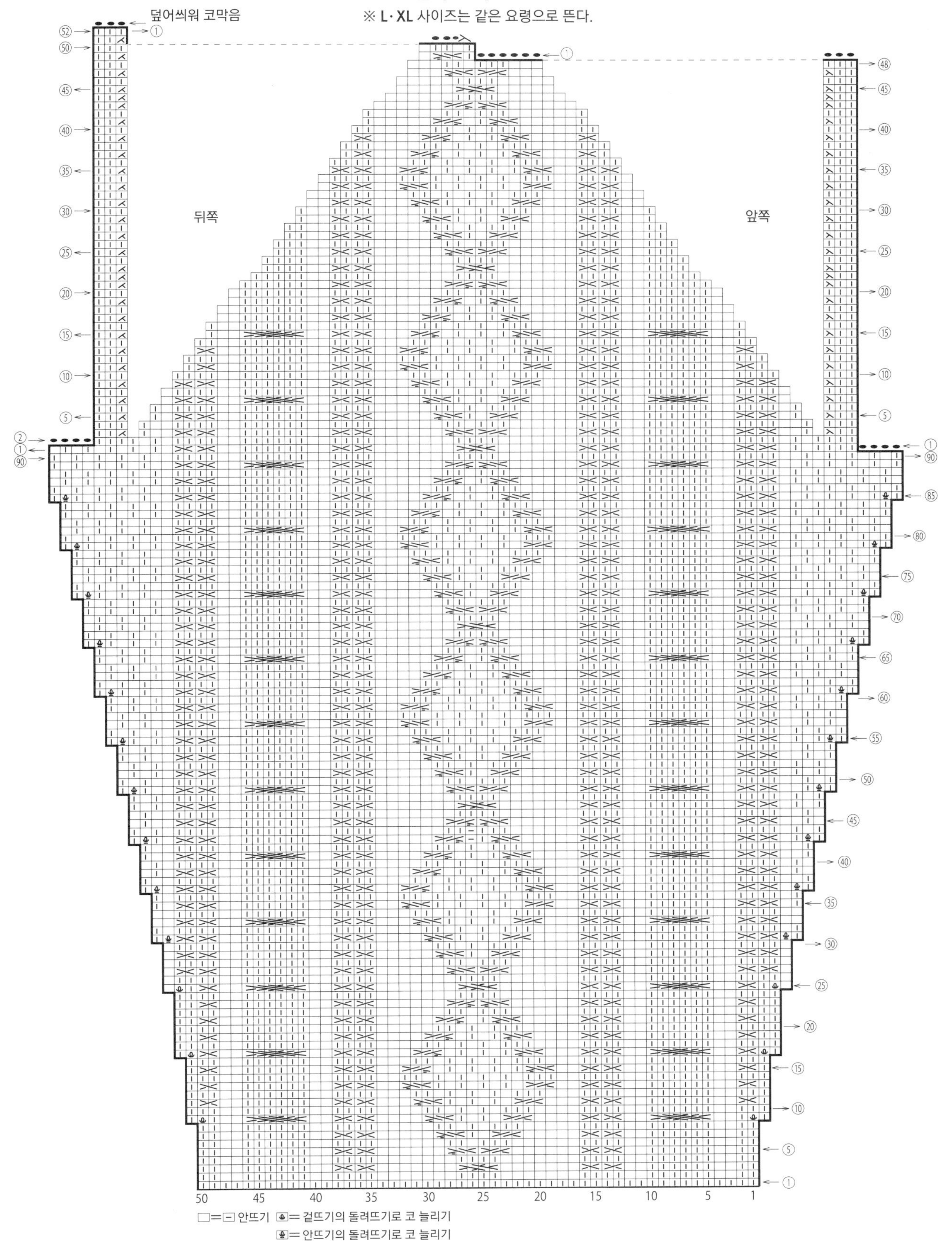

NO. 31

케이블 모자

photo » p.35

준비물

[실] 하마나카 아메리 L (극태)
녹색 (108) 90g = 3볼

[바늘] 대바늘 15호, 12호

게이지

가로세로 각각 10cm 무늬뜨기 : 16.5코×18.5단

완성 사이즈

머리둘레 54cm, 깊이 23.5cm

뜨개 포인트

- 손가락으로 걸어 시작코를 만들고, 1코 고무뜨기로 11단을 뜹니다.
- 이어서 무늬뜨기로 22단을 뜨는데, 1단째는 뜨면서 늘림코를 합니다.
- 분산 줄임코를 하면서 12단을 뜹니다. 마지막 단의 코에 1코 간격으로 걸러 실을 두 겹으로 통과시켜 조입니다.

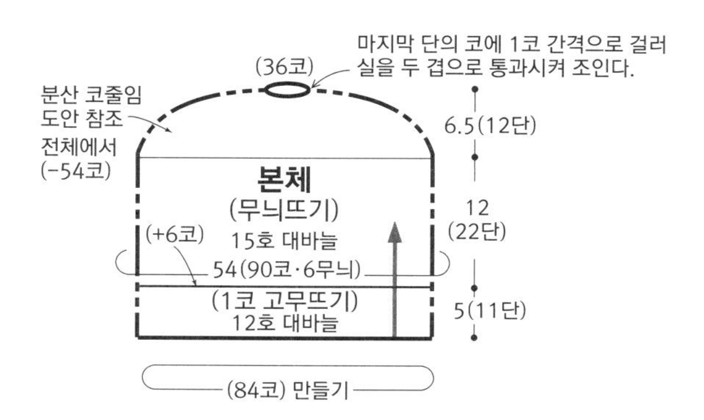

본체

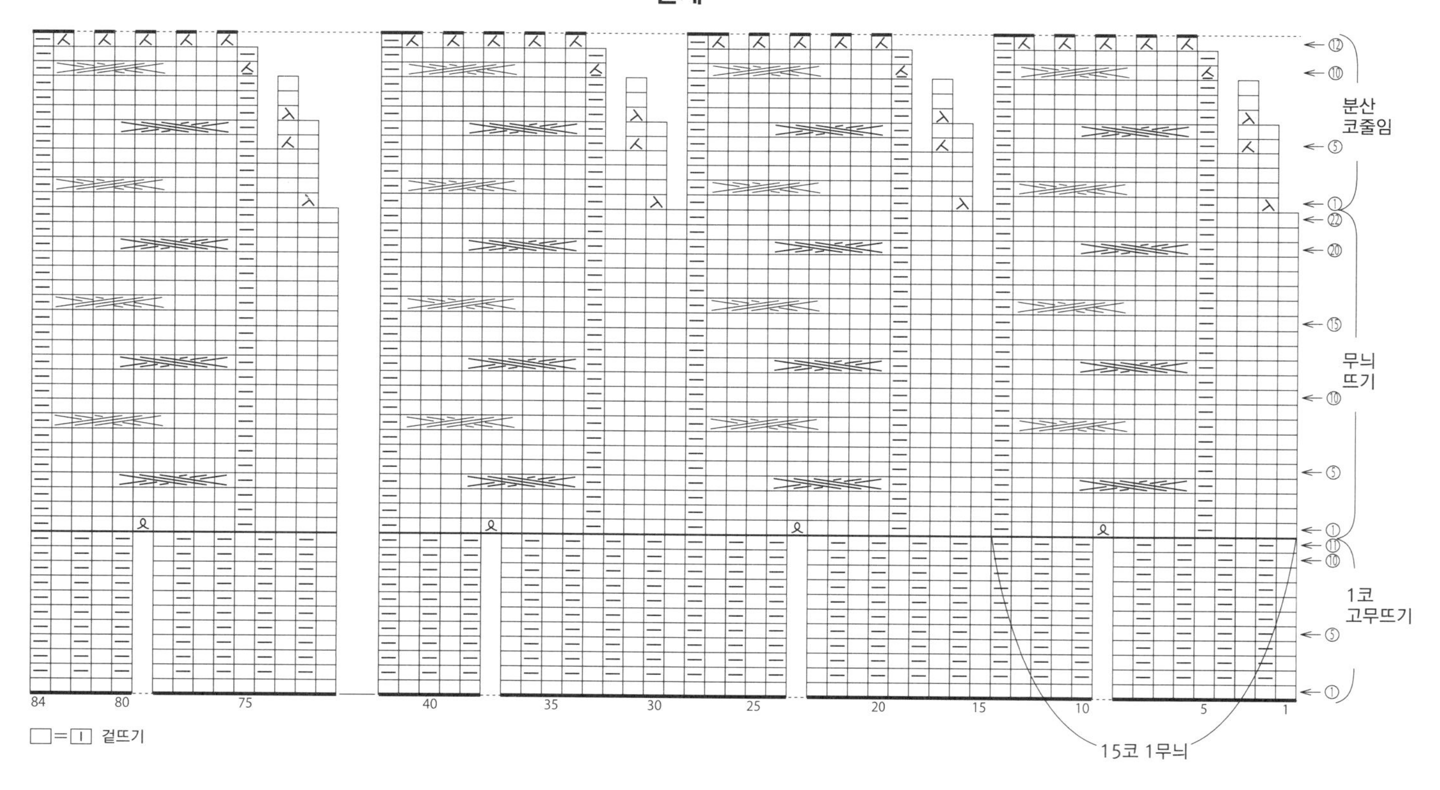

NO. 32

쇼트 스누드

photo » p.35

준비물

[실] 하마나카 아메리 L (극태)
녹색 (108) 175g = 5볼

[바늘] 대바늘 15호

게이지

가로세로 각각 10cm 무늬뜨기 : 15코×19단

완성 사이즈

목둘레 60cm, 길이 36cm

뜨개 포인트

- 손가락으로 걸어 시작코를 만들어 원형뜨기를 시작해서, 1코 고무뜨기로 4단을 뜹니다.
- 무늬뜨기 61단, 1코 고무뜨기로 4단을 뜹니다.
- 뜨개 마무리는 겉뜨기는 겉뜨기, 안뜨기는 안뜨기로 떠서 덮어씌워 코막음을 합니다.

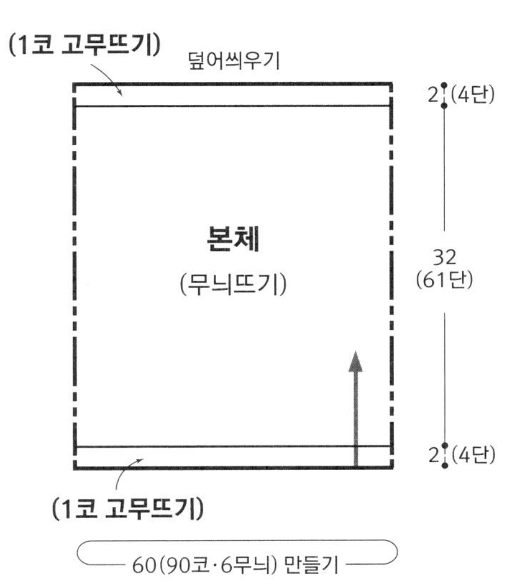

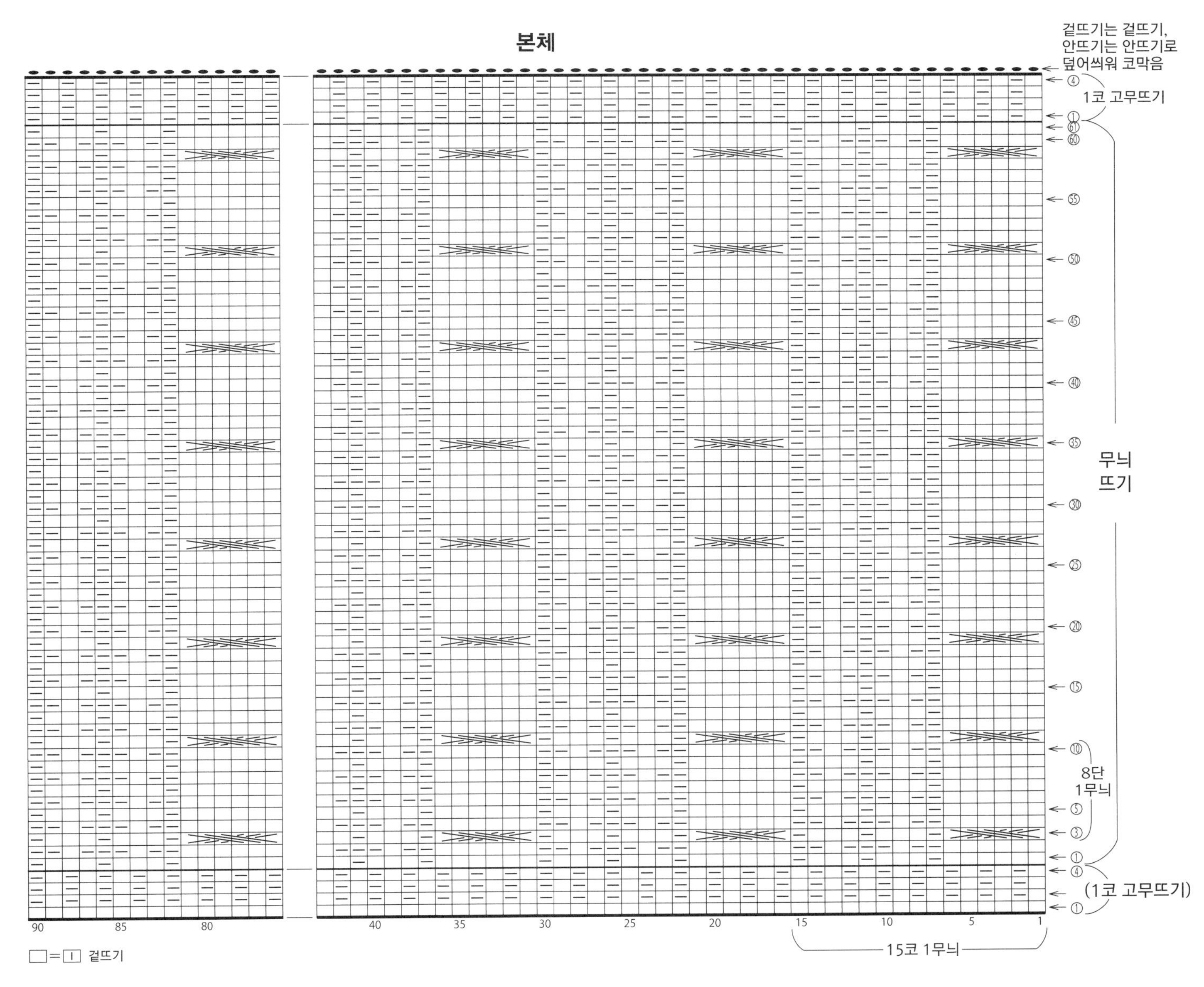

□=Ⅰ 겉뜨기

손뜨개의 기초

〈시작코〉

손가락으로 걸어 시작코 만들기

1

짧은 실 끝은 뜨려는 폭의 3배 정도 남겨 둡니다.

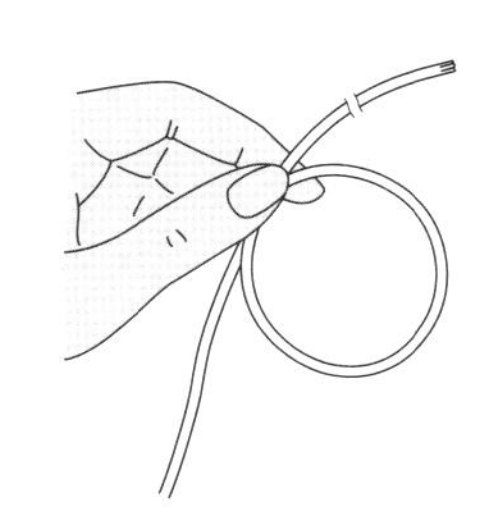

2

고리를 만들고, 왼손으로 교차점을 누릅니다.

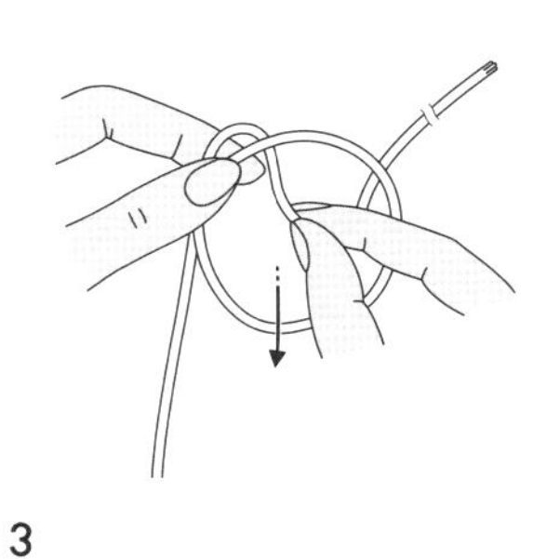

3

고리 안으로 짧은 실 끝을 잡아뺍니다.

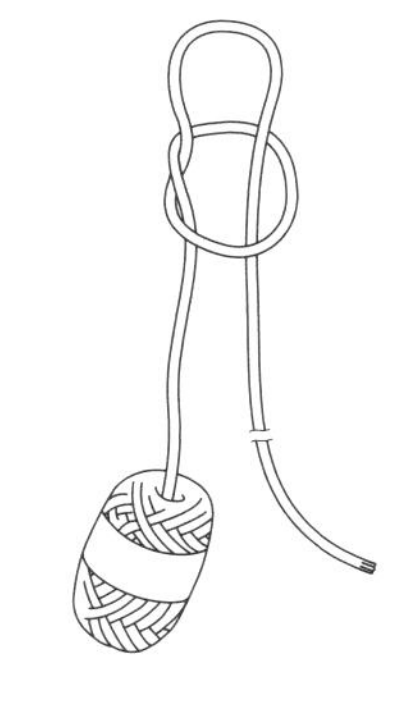

4

잡아뺀 실로 작은 고리를 만듭니다.

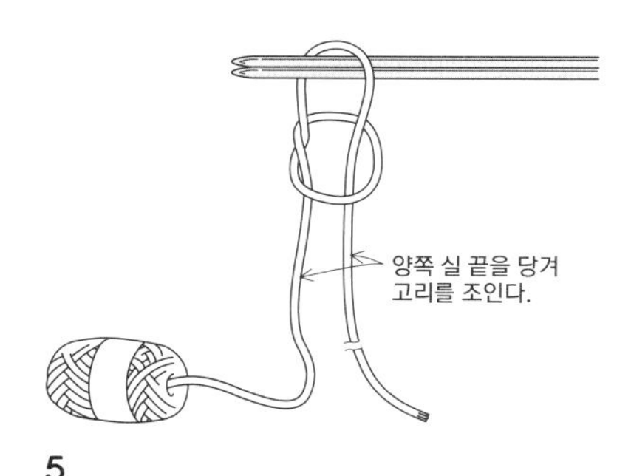

5

작은 고리 안에 대바늘 두 개를 넣습니다. 양쪽 실 끝을 당겨 고리를 조입니다.

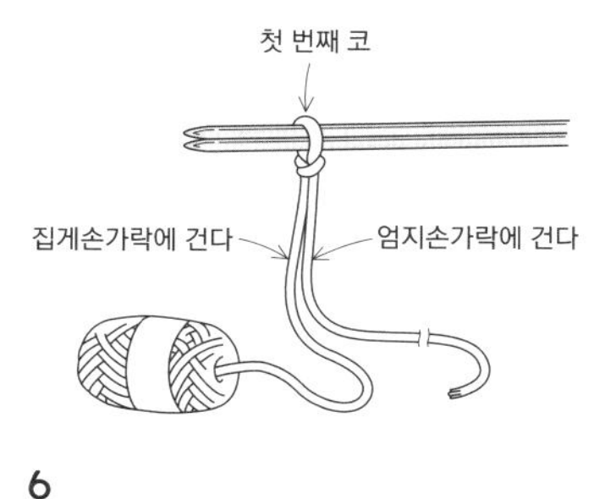

6

첫 번째 코가 완성됐습니다. 이어서 엄지손가락에 짧은 실을 걸고, 집게손가락에 긴 실을 건 다음, 두 가닥의 실을 남은 세 손가락으로 쥡니다.

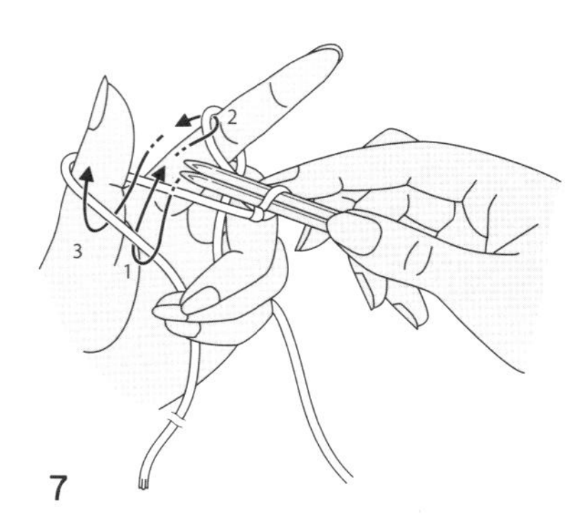

7

바늘 끝을 화살표 순서대로 움직여 대바늘에 실을 겁니다.

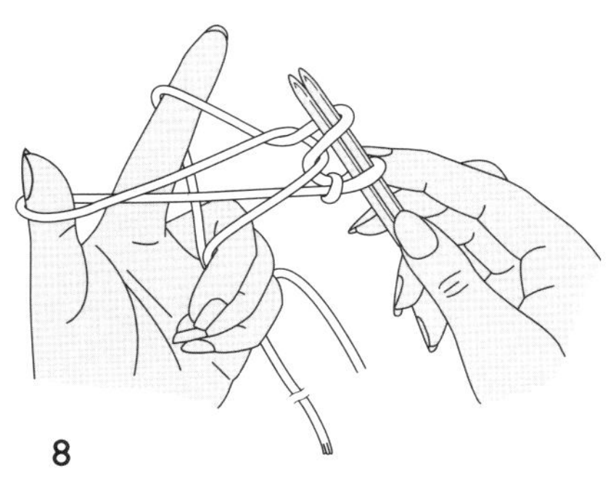

8

바늘에 실이 걸렸습니다.

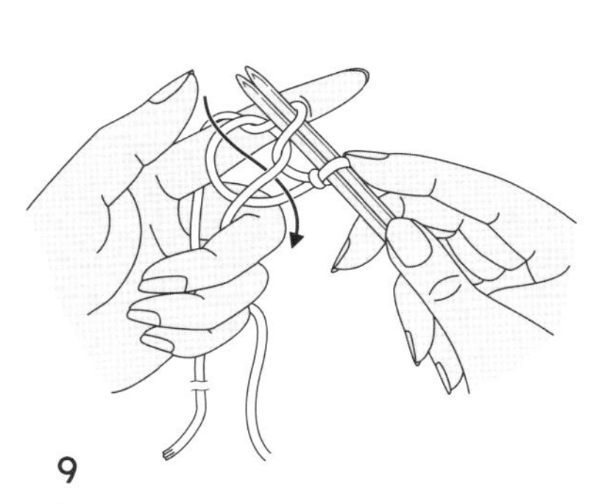

9

실에서 엄지손가락을 한 번 빼고, 화살표 방향대로 엄지손가락을 다시 넣습니다.

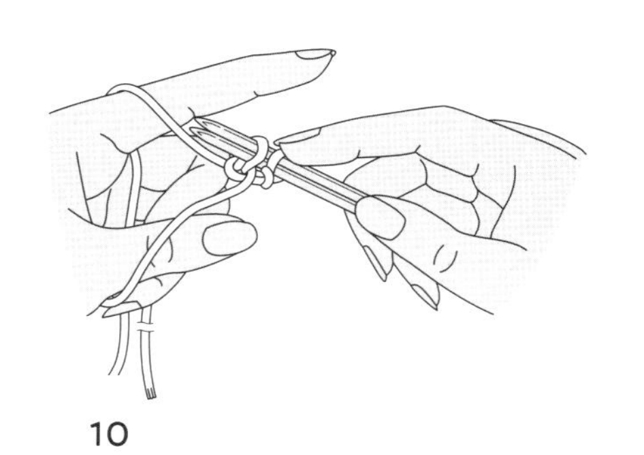

10

엄지손가락을 끌어당겨 코를 조입니다. 두 번째 코가 완성됐습니다. ⑦~⑩을 반복합니다.

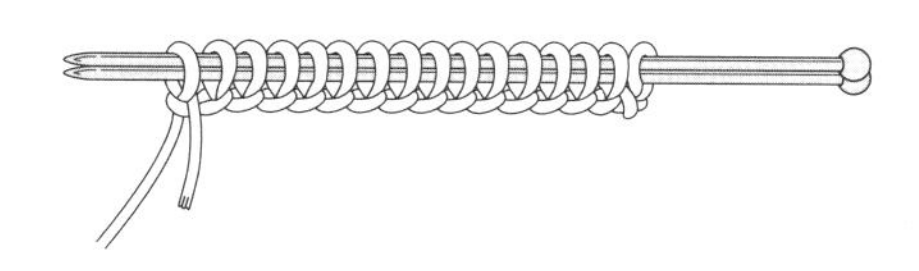

11

필요한 콧수를 만듭니다.

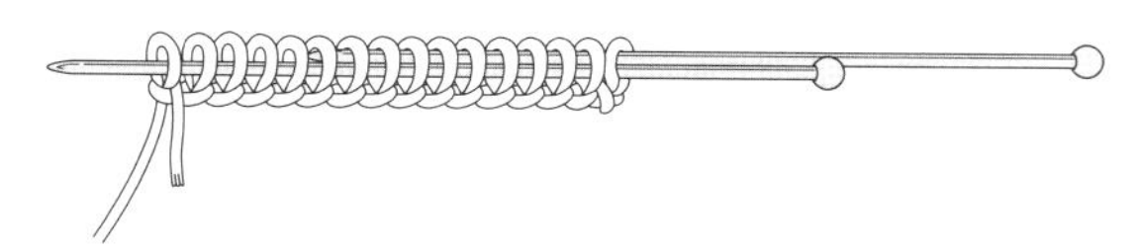

12

바늘 하나를 빼고 나서 뜨기 시작합니다.

별도 사슬로 시작코 만들기

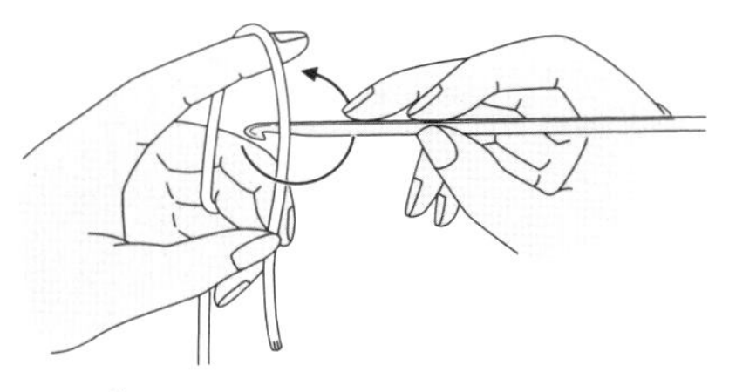

1

사슬뜨기를 합니다. 코바늘을 실 뒤쪽에 댄 상태에서 화살표 방향으로 돌립니다.

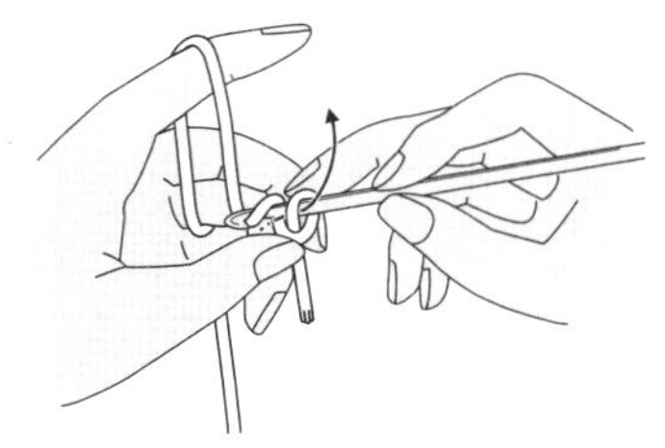

2

손가락으로 교차점을 누른 채, 코바늘에 실을 걸어 고리 안으로 빼냅니다.

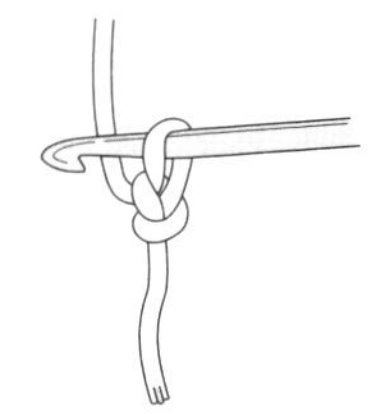

3

실 끝을 당겨 고리를 조입니다. 첫 코가 완성됐습니다. 이 코는 시작코에 포함되지 않습니다.

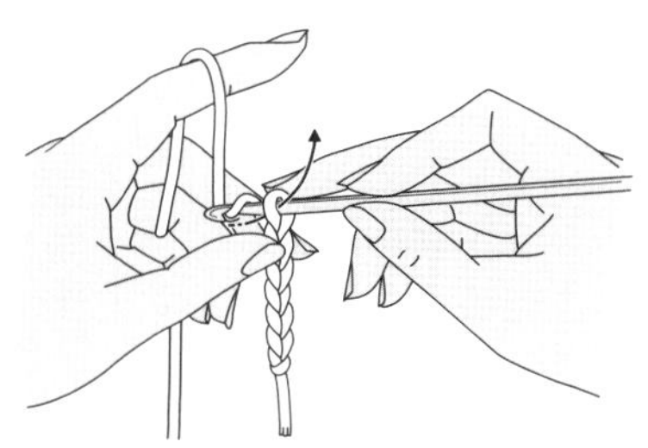

4

'코바늘에 실을 걸어 빼내기'를 반복하여, 필요한 콧수보다 조금 넉넉하게 사슬코를 뜹니다.

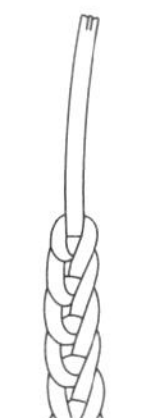

5

마지막은 다시 한번 실을 걸어 빼낸 다음, 실 끝을 당겨 빼내고 실을 자릅니다.

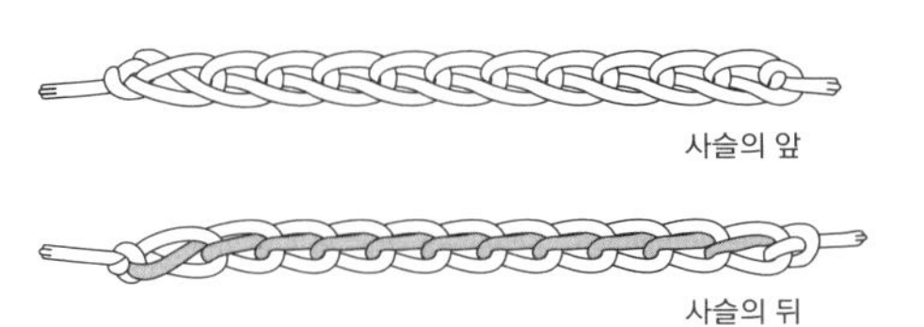

6

별도 사슬이 완성됐습니다.

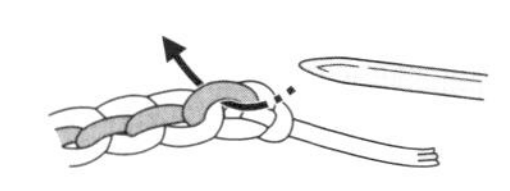

7

사슬뜨기가 끝나는 쪽의 뒷산에 화살표 방향으로 바늘을 넣습니다.

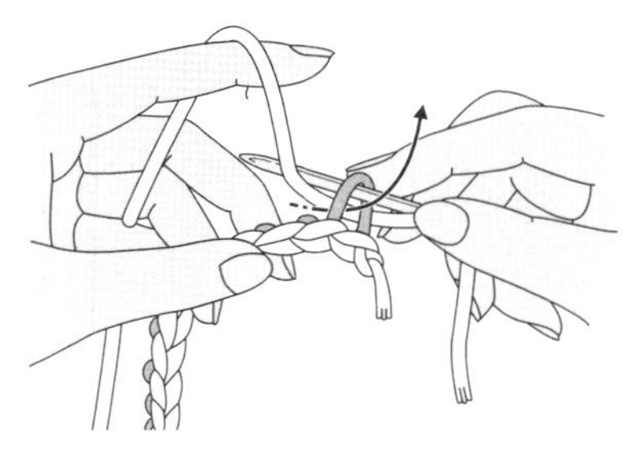

8

본체를 뜰 실을 뒷산에서 빼내어 코를 줍습니다.

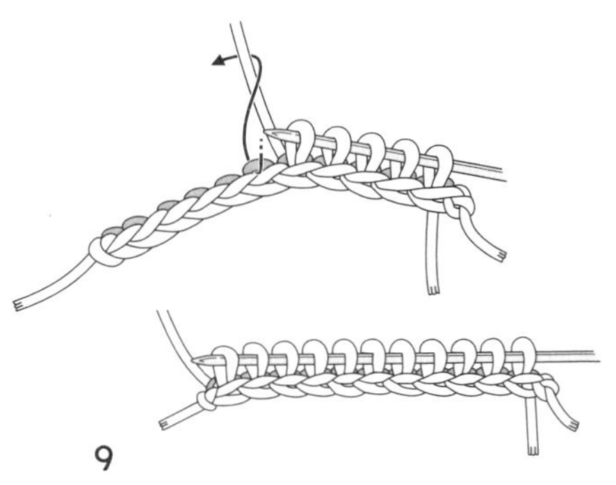

9

첫 번째 뒷산부터 한 코씩 줍습니다.

〈별도 사슬을 풀어 코를 줍는 방법〉

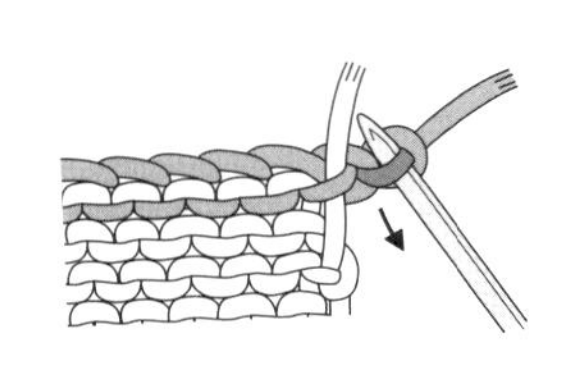

1

뜨개 바탕의 뒷면을 보면서 별도 사슬의 뒷산에 바늘을 넣고, 실 끝을 잡아당겨 매듭을 풉니다.

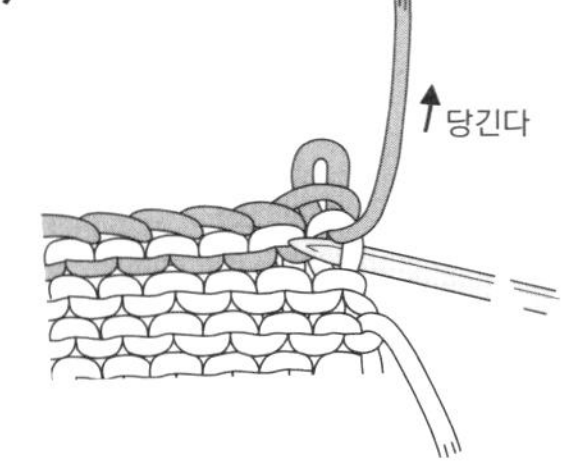

2

코에 바늘을 끼우고, 별도 사슬을 풉니다.

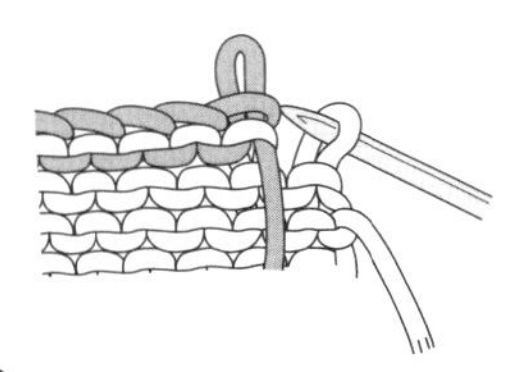

3

1코를 푼 모습입니다. 바늘에 코를 옮기면서 별도 사슬을 풉니다.

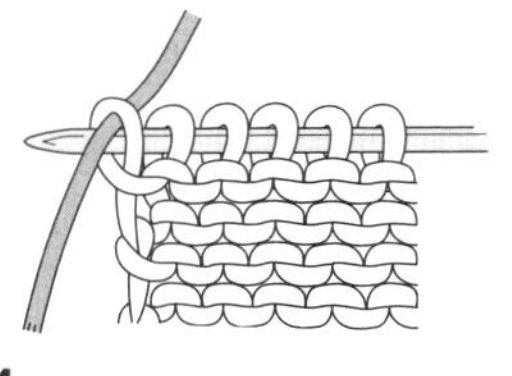

4

마지막 코는 비튼 채로 줍고, 별도 사슬의 실을 빼냅니다.

〈뜨개 기호〉

| 겉뜨기

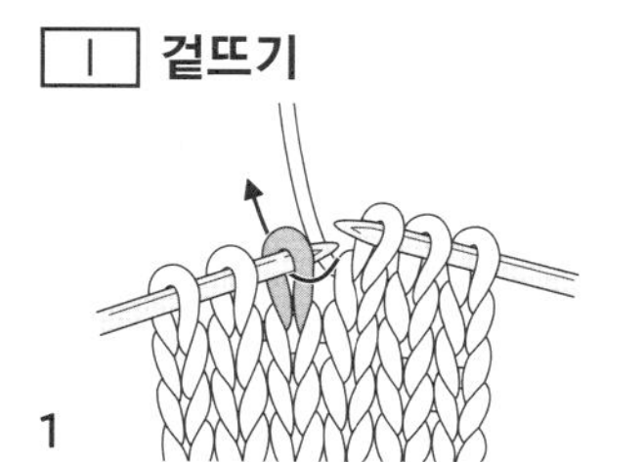

1

실을 뒤쪽에 두고, 바늘을 앞쪽에서 넣습니다.

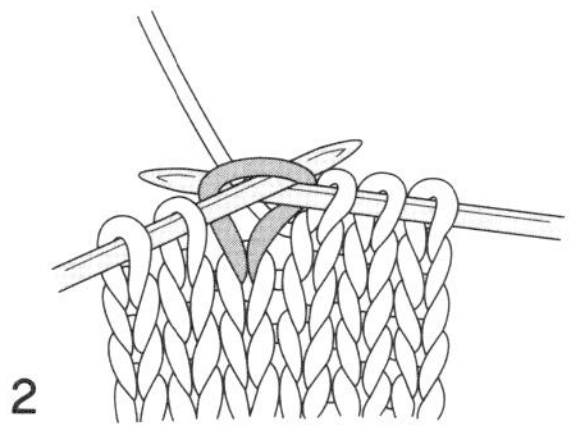

2

바늘을 넣고, 실을 겁니다.

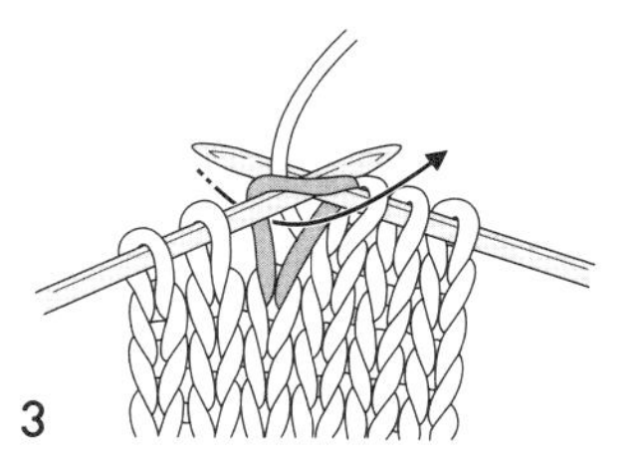

3

화살표를 따라 앞쪽으로 당겨서 빼냅니다.

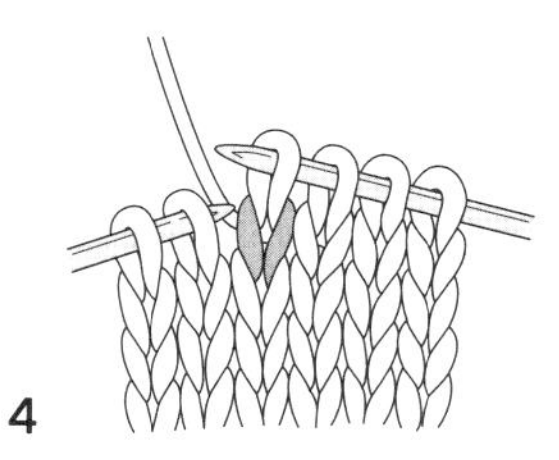

4

겉뜨기가 완성됩니다.

— 안뜨기

1

실을 앞쪽에 두고, 바늘을 화살표 방향으로 넣습니다.

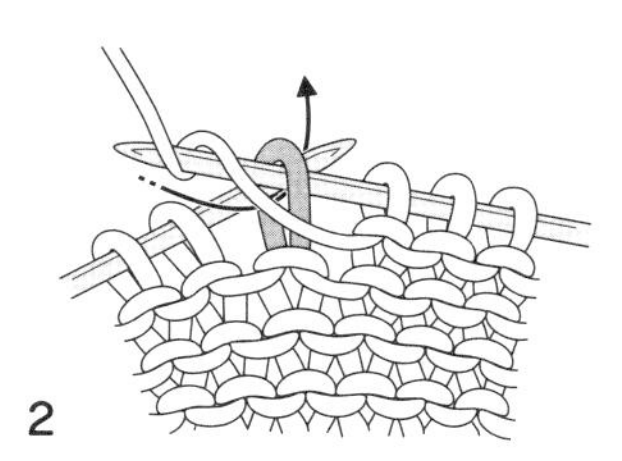

2

바늘에 실을 걸고, 화살표를 따라 뒤쪽으로 당겨서 빼냅니다.

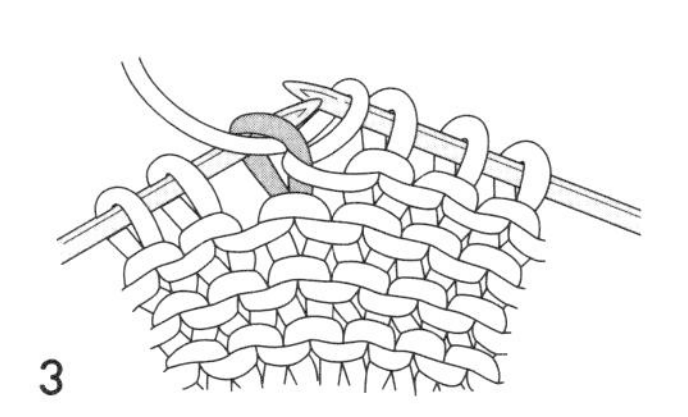

3

실을 당겨서 빼낸 모습입니다.

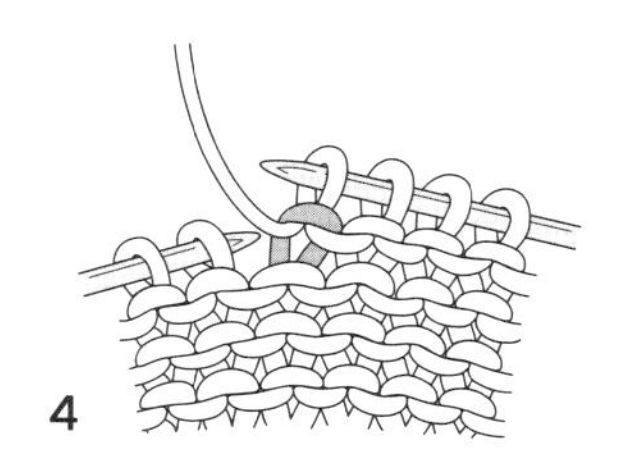

4

안뜨기가 완성됩니다.

○ 걸기코

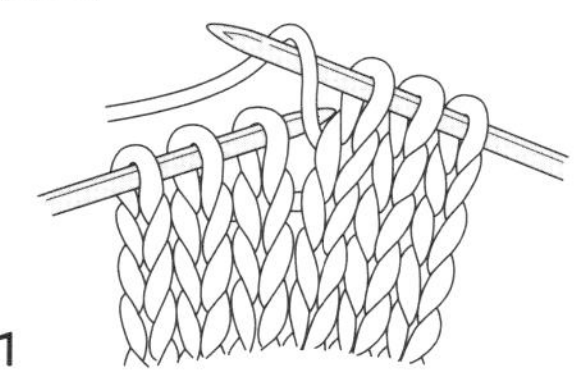

1

앞쪽에서 뒤쪽으로 바늘에 실을 겁니다.

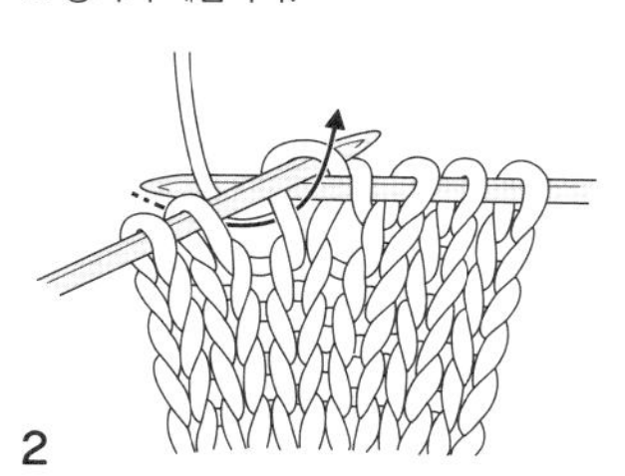

2

다음 코를 겉뜨기합니다.

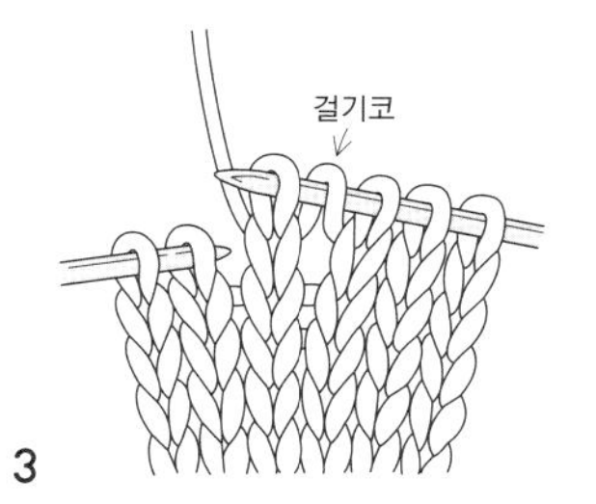

3

걸기코가 완성됐습니다.

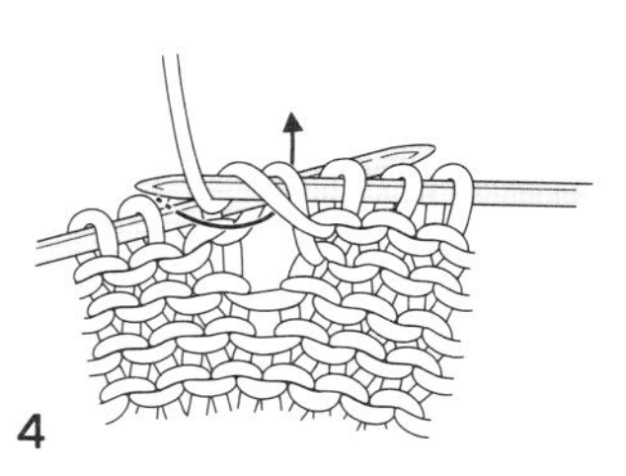

4

다음 단에서 걸기코를 뒷면에서 뜰 때는 안뜨기를 합니다.

Ω 돌려뜨기

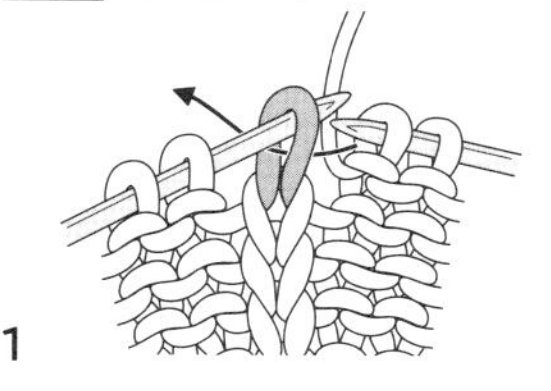

1

바늘을 화살표 방향으로 뒤쪽에서 코를 비트는 것처럼 넣습니다.

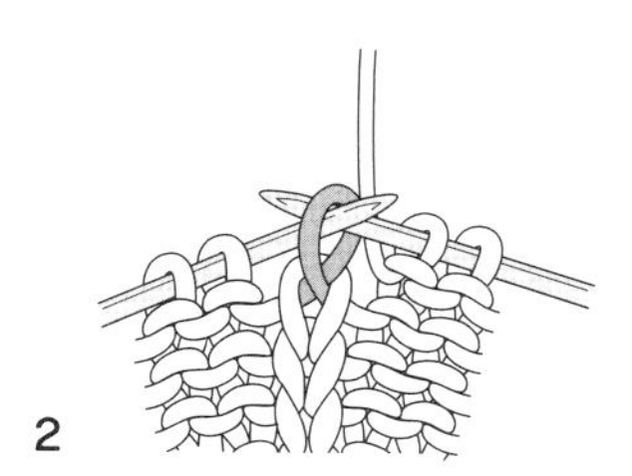

2

바늘을 넣은 모습입니다.

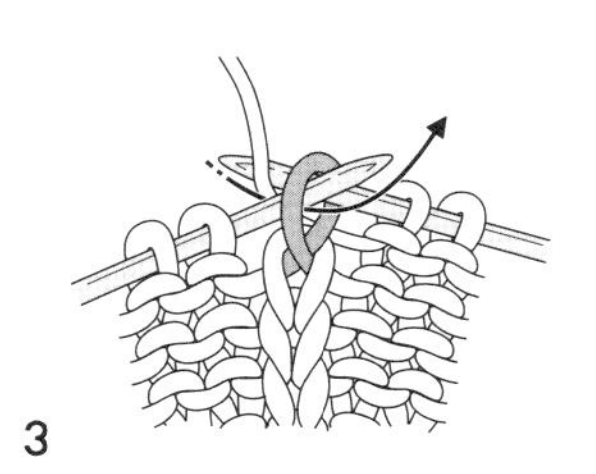

3

바늘에 실을 걸고 화살표를 따라 앞쪽으로 당겨서 빼냅니다.

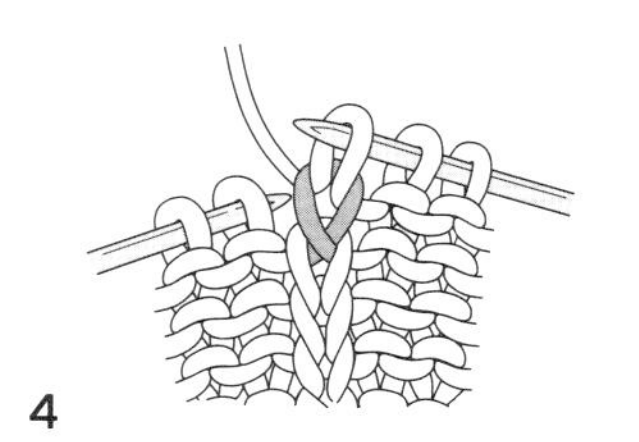

4

돌려뜨기가 완성됐습니다.

Ω̲ 안뜨기의 돌려뜨기

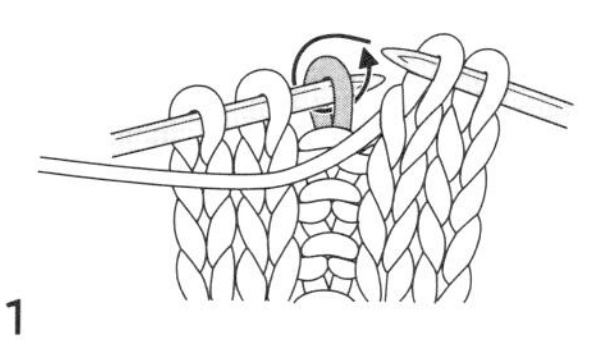

1

실을 앞쪽에 두고, 바늘을 화살표 방향으로 뒤쪽에서 코를 비트는 것처럼 넣습니다.

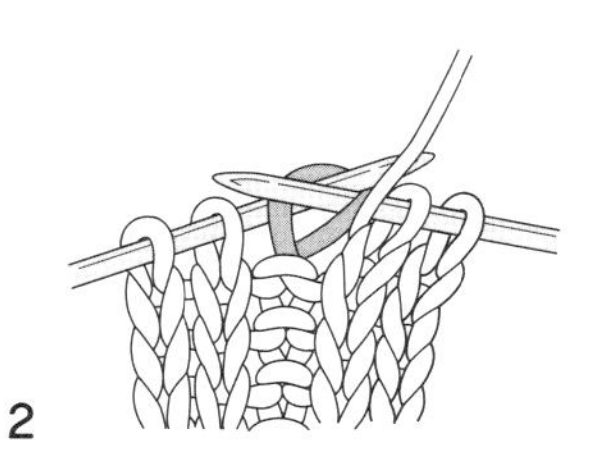

2

바늘을 넣은 모습입니다.

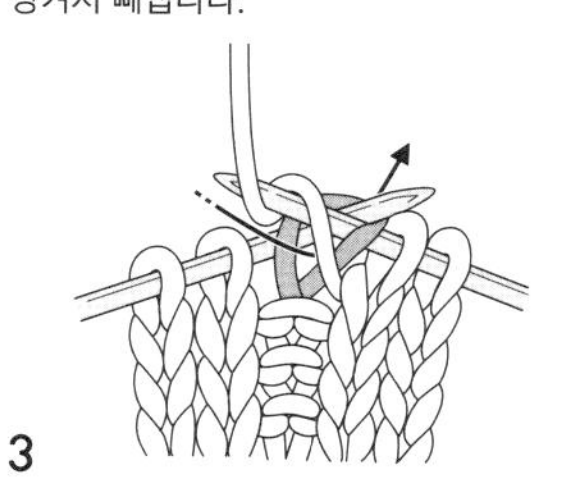

3

바늘에 실을 걸고 화살표를 따라 뒤쪽으로 당겨서 빼냅니다.

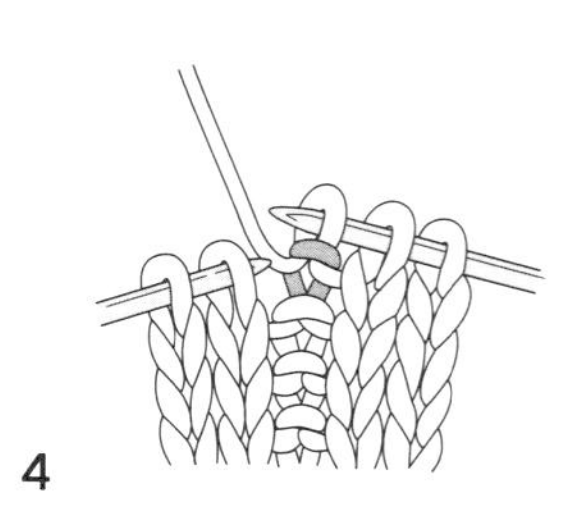

4

안뜨기의 돌려뜨기가 완성됐습니다.

╲ 오른코 겹쳐 2코 모아뜨기

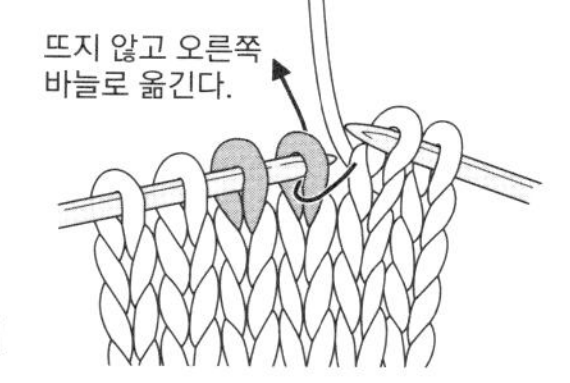

1

오른쪽 코에 앞쪽으로 바늘을 넣어 뜨지 않고 코를 오른쪽 바늘로 옮깁니다.

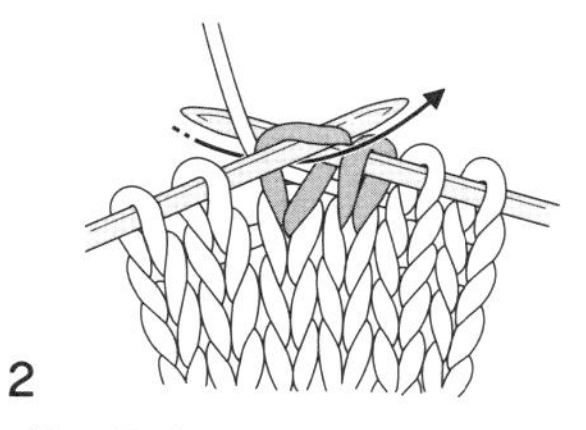

2

다음 코를 겉뜨기합니다.

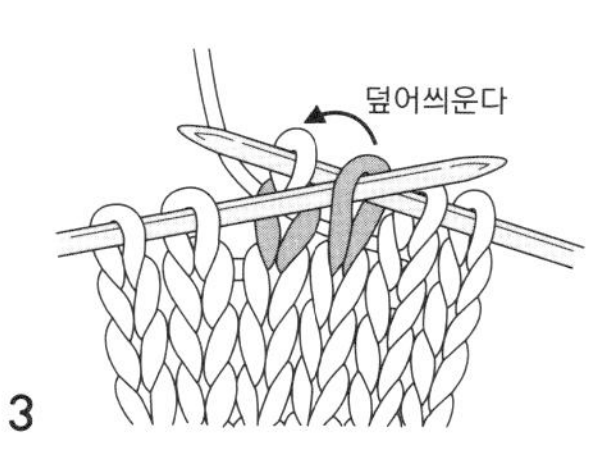

3

옮긴 코에 바늘을 넣어, 앞서 뜬 코에 덮어 씌웁니다.

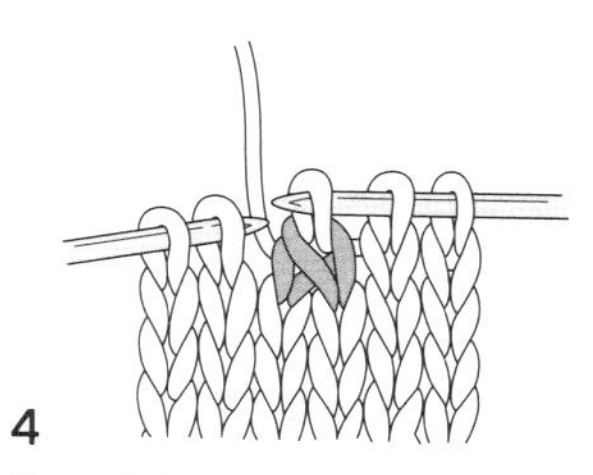

4

왼쪽 바늘을 뺍니다. 오른코 겹쳐 2코 모아뜨기가 완성되었습니다.

오른코 겹쳐 2코 모아 안뜨기

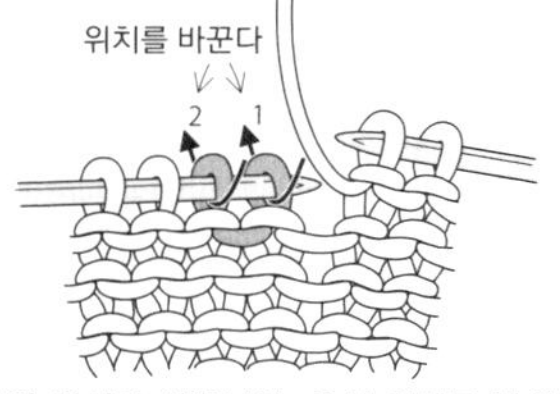

1
코의 위치를 바꿉니다. 우선 화살표 방향으로 바늘을 넣어 오른쪽 바늘로 코를 옮깁니다.

2
화살표 방향으로 바늘을 넣어 왼쪽 바늘로 코를 옮깁니다.

3
화살표 방향으로 바늘을 넣어, 2코를 같이 안뜨기합니다.

4
오른코 겹쳐 2코 모아 안뜨기가 완성되었습니다.

왼코 겹쳐 2코 모아뜨기

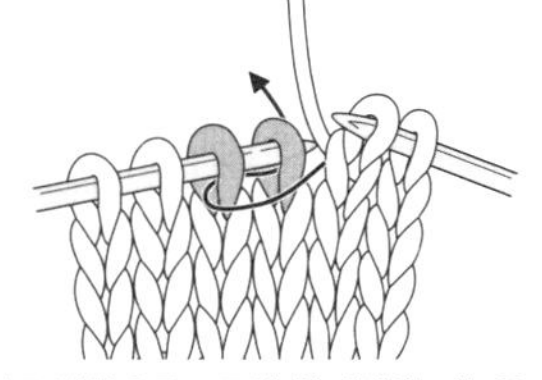

1
화살표 방향으로 2코에 한꺼번에 바늘을 넣습니다.

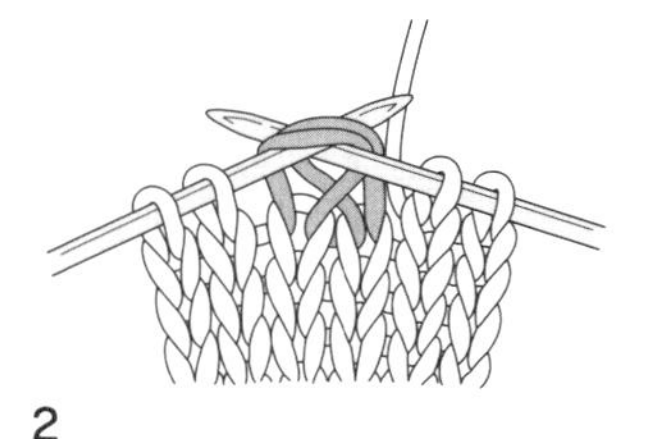

2
2코에 바늘을 넣은 모습입니다.

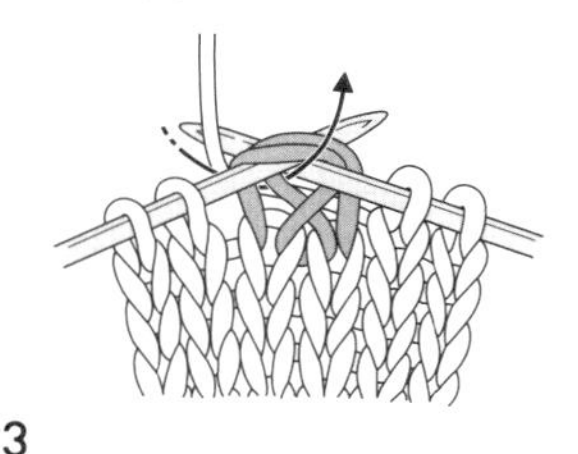

3
실을 걸어 빼고, 2코를 같이 겉뜨기합니다.

4
왼쪽 바늘을 빼면 왼코 겹쳐 2코 모아뜨기가 완성됩니다.

왼코 겹쳐 2코 모아 안뜨기

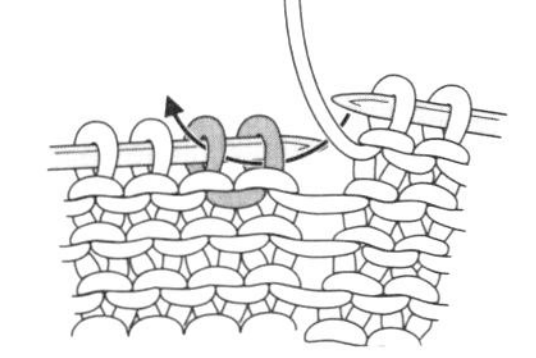

1
화살표 방향으로 2코에 한꺼번에 바늘을 넣습니다.

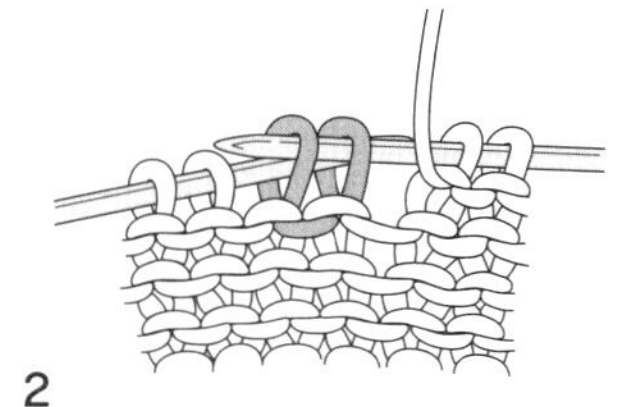

2
2코에 바늘을 넣은 모습입니다.

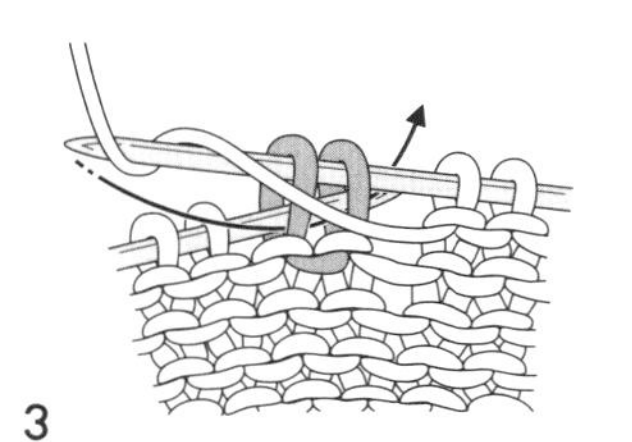

3
실을 걸어 빼고, 2코를 같이 안뜨기합니다.

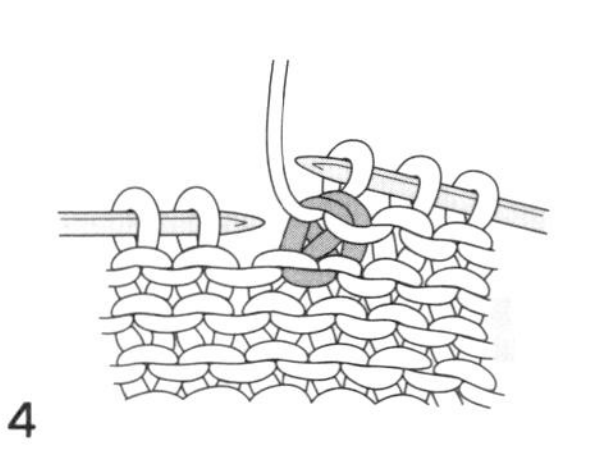

4
왼쪽 바늘을 빼면 왼코 겹쳐 2코 모아 안뜨기가 완성됩니다.

중심 3코 모아뜨기

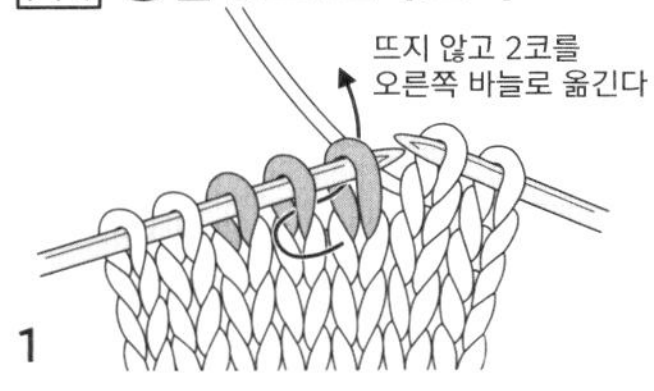

1
화살표 방향으로 오른쪽 2코에 바늘을 넣고, 뜨지 않은 채 2코를 오른쪽 바늘로 옮깁니다.

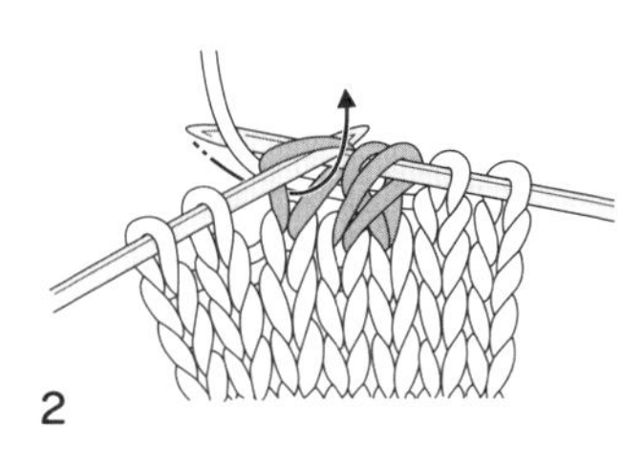

2
3코째에 바늘을 넣고 실을 당겨서 빼어 겉뜨기를 합니다.

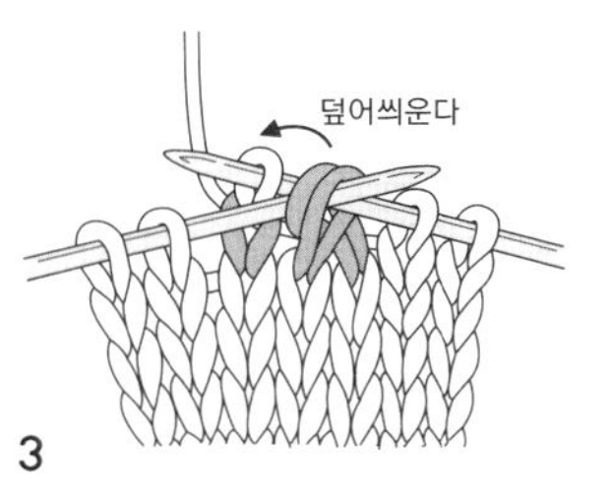

3
오른쪽 바늘로 옮긴 2코에 왼쪽 바늘을 넣고, 앞서 뜬 코에 덮어씌웁니다.

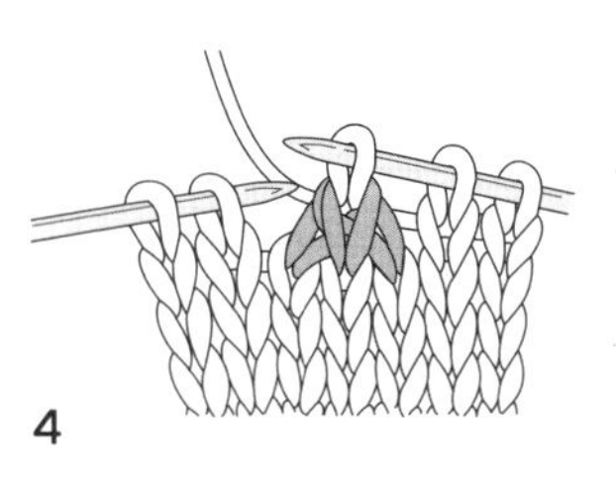

4
왼쪽 바늘을 빼면 중심 3코 모아뜨기가 완성됩니다.

오른코 교차뜨기

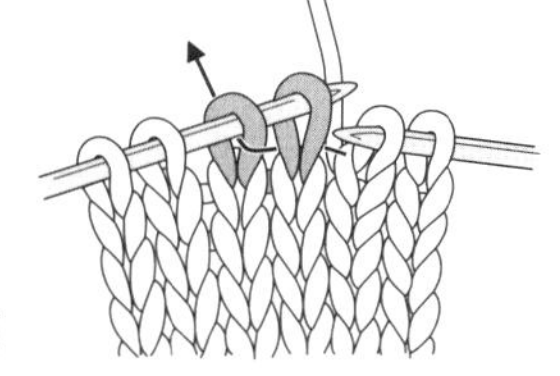

1
오른쪽 코 뒤쪽에서 왼쪽 코로 화살표 방향으로 바늘을 넣습니다.

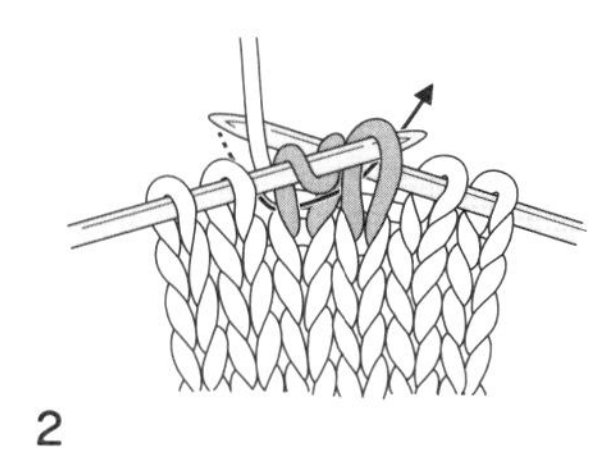

2
바늘에 실을 걸고 화살표처럼 빼내어 겉뜨기를 합니다.

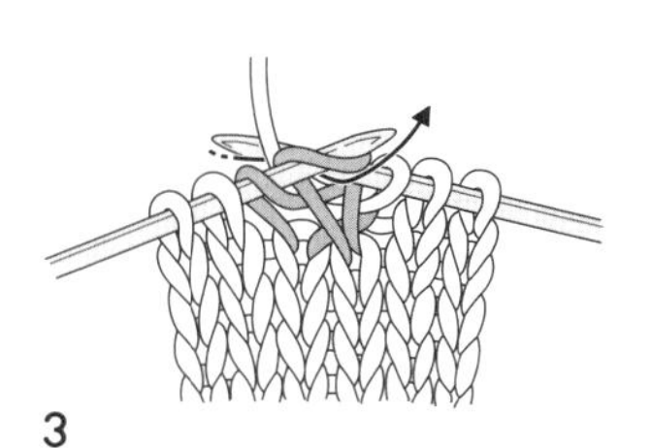

3
뜬 코는 그대로 두고 오른쪽 코에 바늘을 넣은 다음, 실을 당겨 빼서 겉뜨기를 합니다.

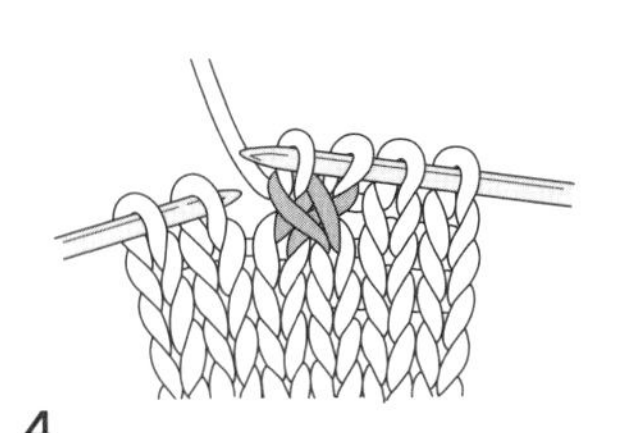

4
왼쪽 바늘에서 2코를 빼내면 오른코 교차뜨기가 완성됩니다.

왼코 교차뜨기

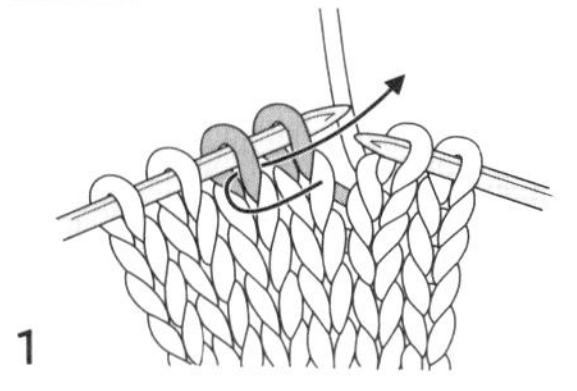

1
화살표 방향으로 왼쪽 코에 앞쪽에서 바늘을 넣습니다.

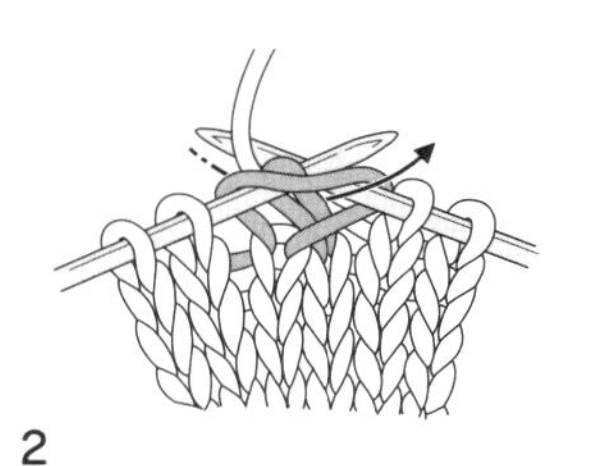

2
바늘에 실을 걸고 화살표처럼 빼내어 겉뜨기를 합니다.

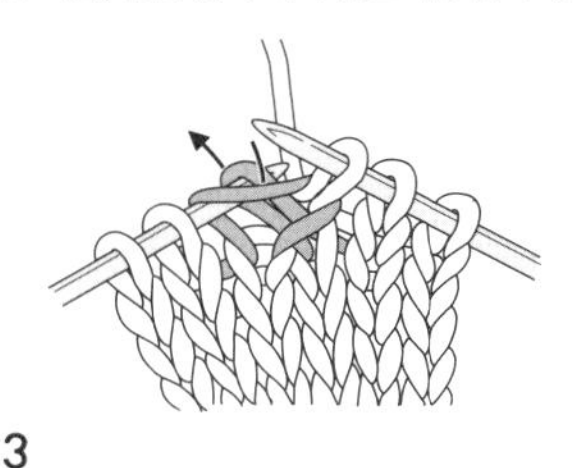

3
뜬 코는 그대로 두고, 오른쪽 코에 바늘을 넣어 실을 당겨서 빼고 겉뜨기를 합니다.

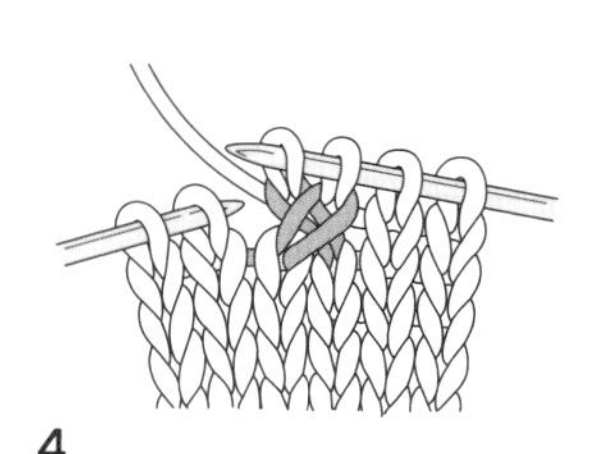

4
왼쪽 바늘의 2코를 빼내면, 왼코 교차뜨기가 완성됩니다.

오른코 교차뜨기 (아래쪽이 안뜨기)

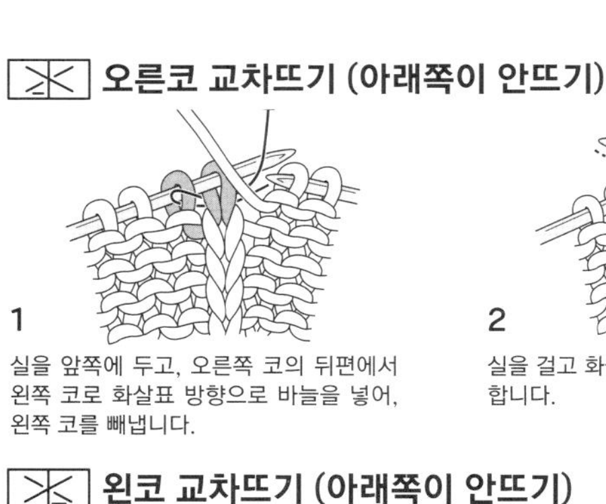

1

실을 앞쪽에 두고, 오른쪽 코의 뒤편에서 왼쪽 코로 화살표 방향으로 바늘을 넣어, 왼쪽 코를 빼냅니다.

2

실을 걸고 화살표 방향으로 빼내서 안뜨기 합니다.

3

뜬 코는 그대로 두고, 오른쪽 코에 바늘을 넣어 겉뜨기합니다.

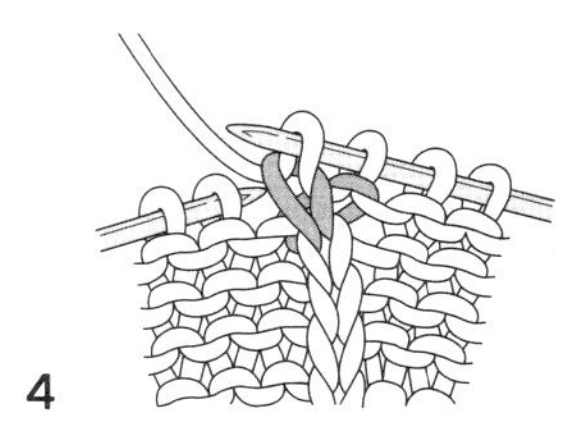

4

왼쪽 바늘의 2코를 빼면, 오른코 교차뜨기 (아래쪽이 안뜨기)가 완성됩니다.

왼코 교차뜨기 (아래쪽이 안뜨기)

1

왼쪽 코에 화살표 방향으로 앞쪽에서부터 바늘을 넣습니다.

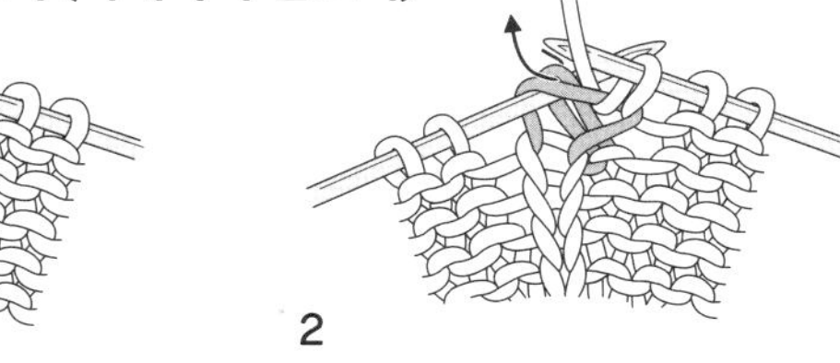

2

바늘에 실을 걸고 겉뜨기를 한 다음, 실을 앞쪽에 놓고 화살표 방향으로 바늘을 넣습니다.

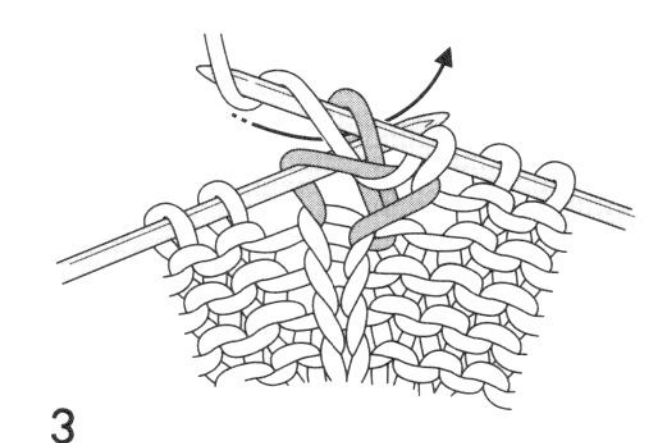

3

뜬 코는 그대로 두고, 오른쪽 코에 바늘을 넣어 실을 빼내 안뜨기를 합니다.

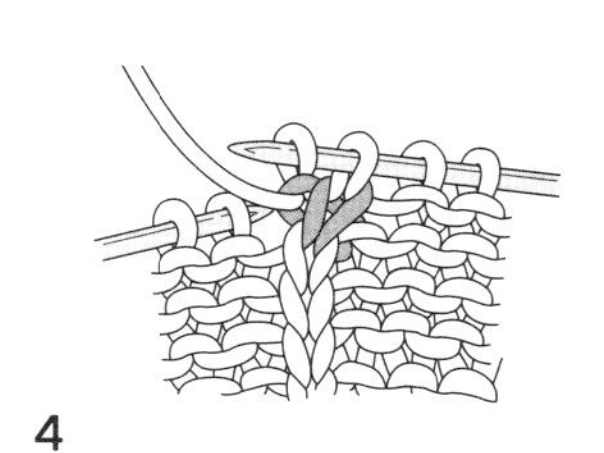

4

왼쪽 바늘의 2코를 빼면, 왼코 교차뜨기 (아래쪽이 안뜨기)가 완성됩니다.

오른코 위 2코 교차뜨기

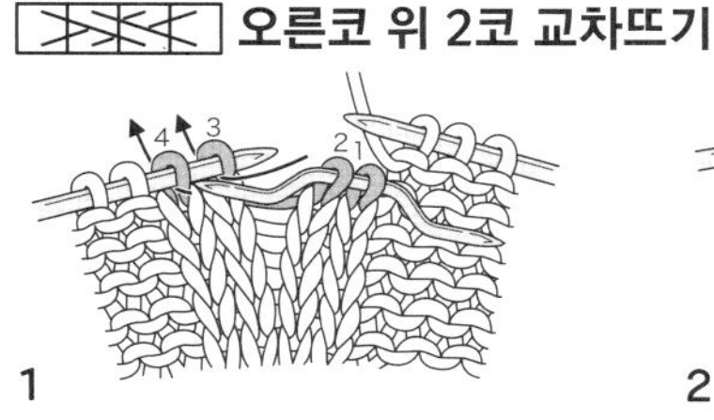

1

오른쪽의 2코를 다른 바늘로 옮겨 앞쪽에 두고, 3과 4의 코를 겉뜨기합니다.

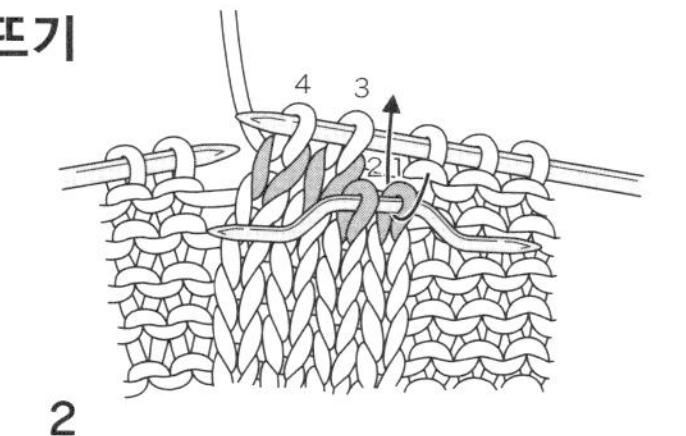

2

앞쪽에 놔둔 1의 코에 바늘을 넣어 겉뜨기를 합니다.

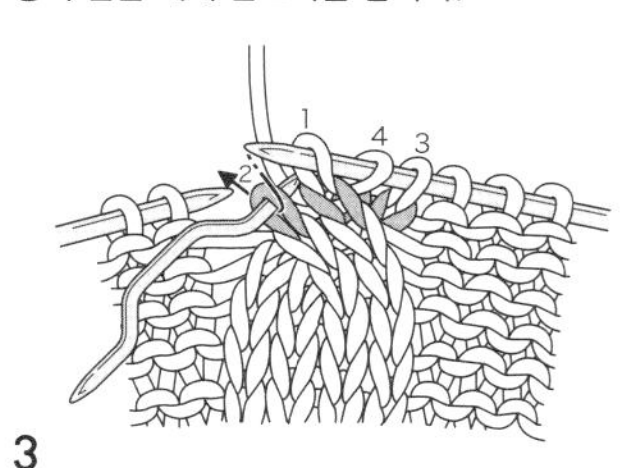

3

2의 코를 겉뜨기합니다.

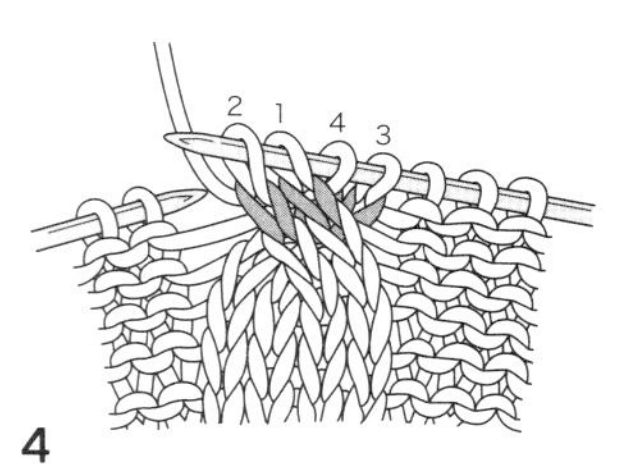

4

오른코 위 2코 교차뜨기가 완성됩니다.

왼코 위 2코 교차뜨기

1

오른쪽의 2코를 다른 바늘로 옮겨 뒤쪽에 두고, 3과 4의 코를 겉뜨기합니다.

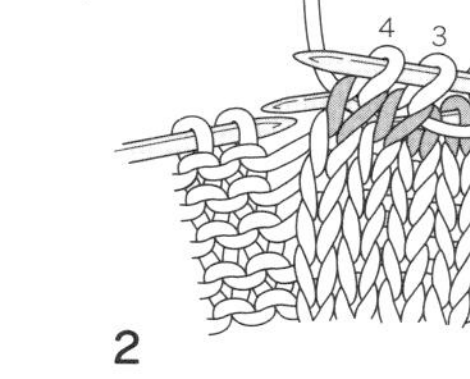

2

3과 4의 코를 겉뜨기한 모습입니다.

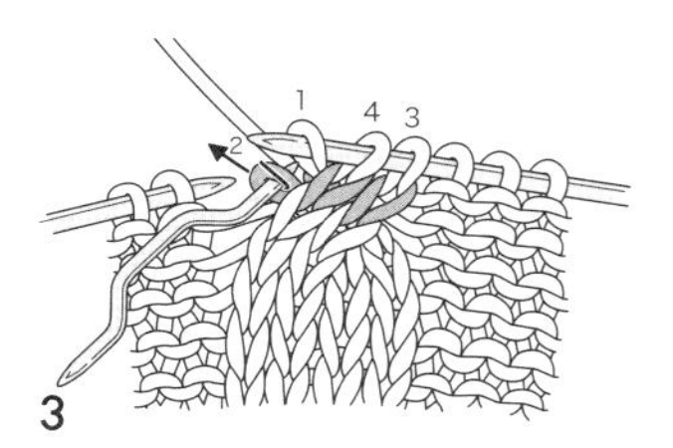

3

1과 2의 코를 겉뜨기합니다.

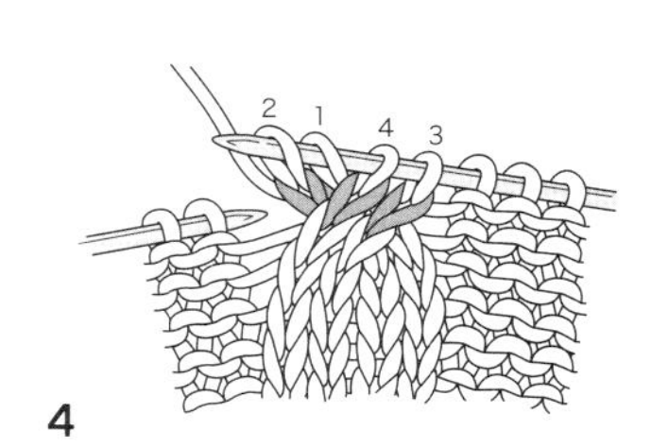

4

왼코 위 2코 교차뜨기가 완성됩니다.

걸러뜨기 (1단의 경우)

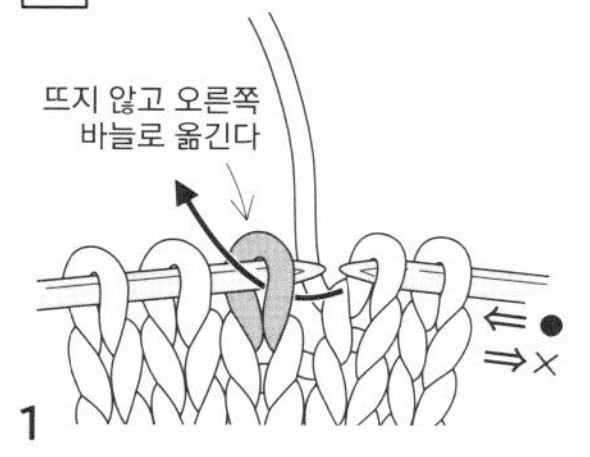

1

●의 단에서 실을 뒤쪽에 두고, 화살표 방향으로 바늘을 넣어 뜨지 않고 옮깁니다.

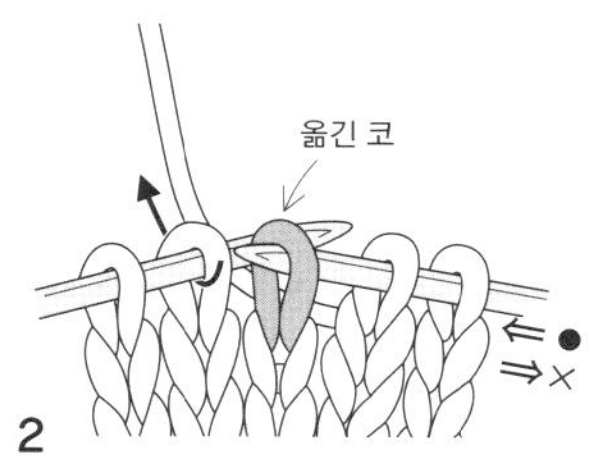

2

이것이 바로 걸러뜨기입니다. 다음 코를 뜹니다.

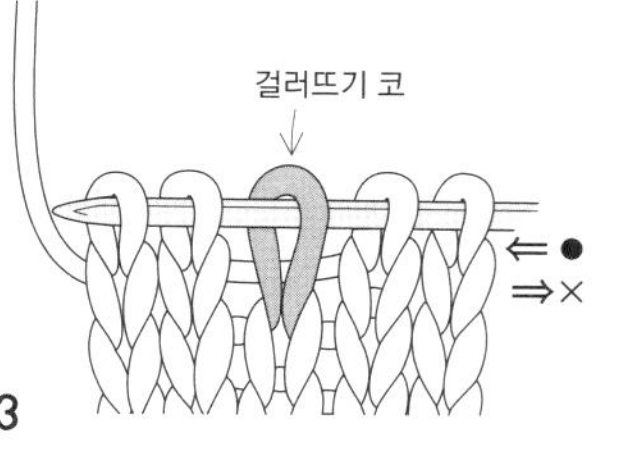

3

걸러뜨기 코 부분은 걸쳐진 실이 뒤쪽으로 있습니다.

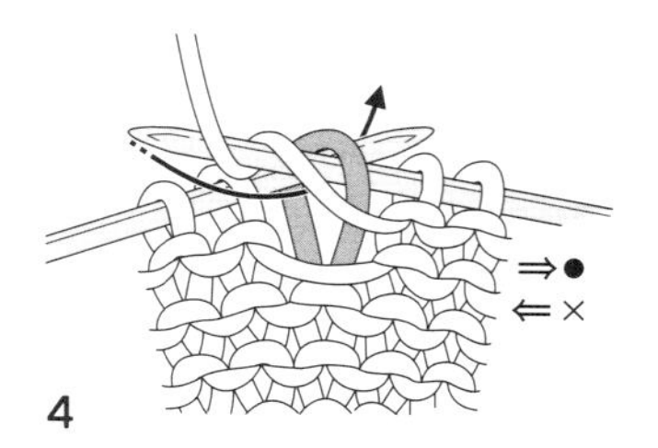

4

다음 단은 도안대로 걸러뜨기를 합니다.

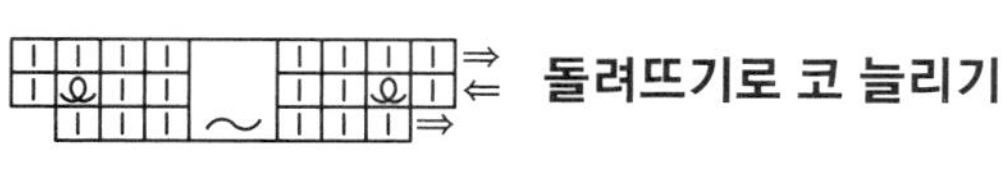

돌려뜨기로 코 늘리기

● **오른쪽**

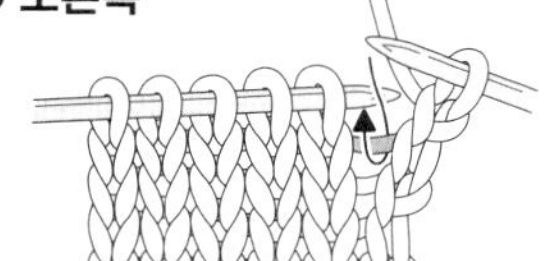

1
오른쪽 끝의 1코를 뜨고, 오른쪽 바늘을 화살표 방향으로 넣습니다.

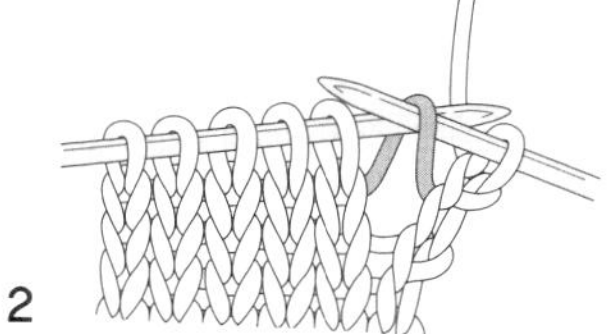

2
오른쪽 바늘로 끌어올린 고리를 왼쪽 바늘로 옮깁니다.

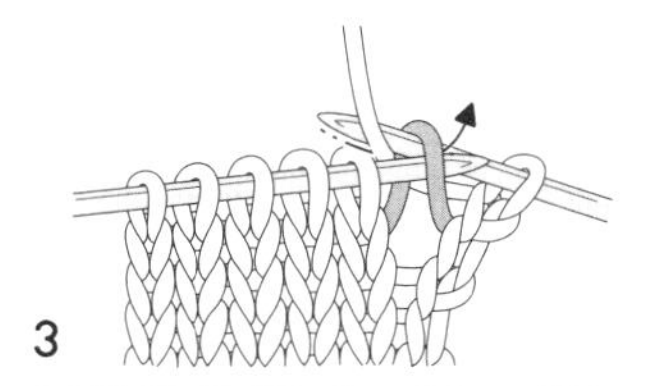

3
오른쪽 바늘에 실을 걸고, 화살표 방향으로 당겨 뺍니다.

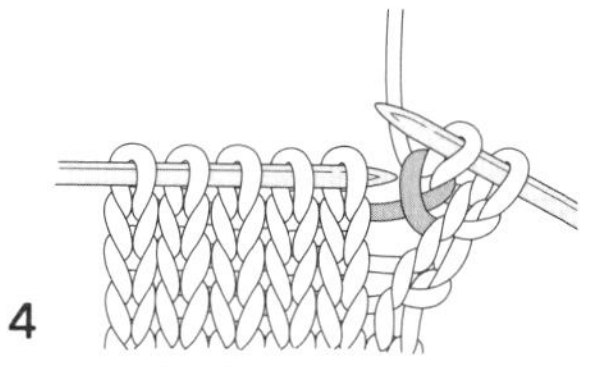

4
오른쪽 돌려뜨기로 코 늘리기가 완성됐습니다.

● **왼쪽**

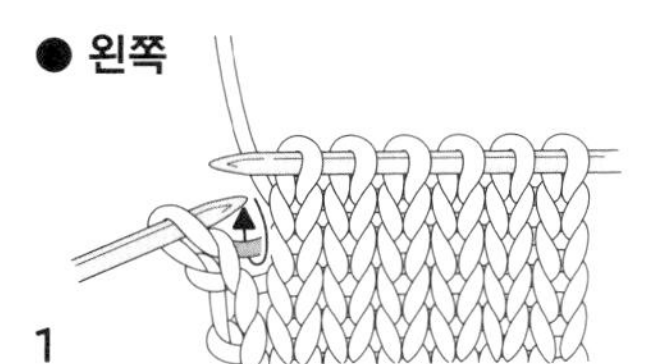

1
왼쪽 끝의 1코가 남을 때까지 뜨고, 오른쪽 바늘을 화살표 방향으로 넣습니다.

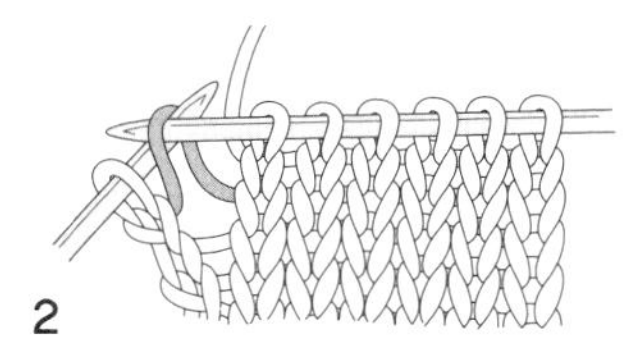

2
오른쪽 바늘로 끌어올린 고리를 왼쪽 바늘로 옮깁니다.

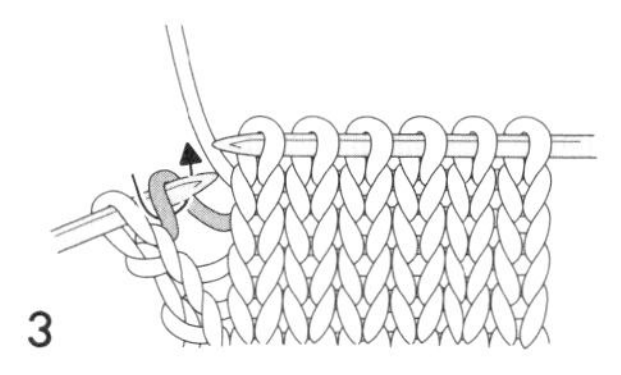

3
왼쪽 바늘에 옮긴 코에 화살표 방향으로 오른쪽 바늘을 넣습니다.

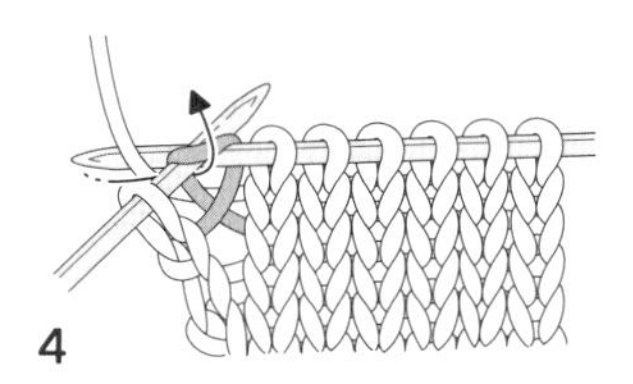

4
오른쪽 바늘에 실을 걸고 화살표 방향으로 빼내면, 왼쪽 돌려뜨기로 코 늘리기가 완성됩니다.

〈코막음〉

덮어씌워 코막음

● **겉뜨기의 덮어씌워 코막음** (겉뜨기)

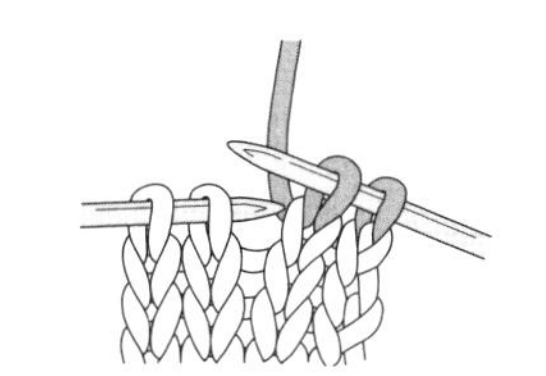

1
끝에 있는 2코를 겉뜨기합니다.

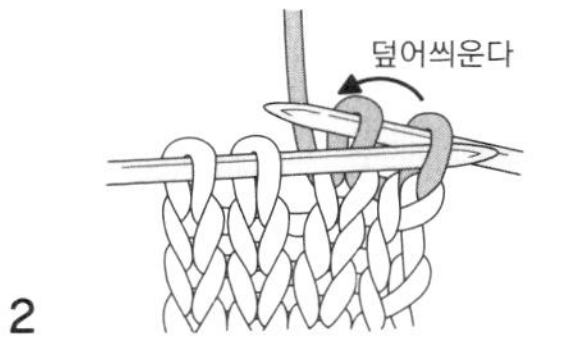

2
오른쪽 끝의 코를 2코째에 덮어씌우고, 왼쪽 바늘을 뺍니다.

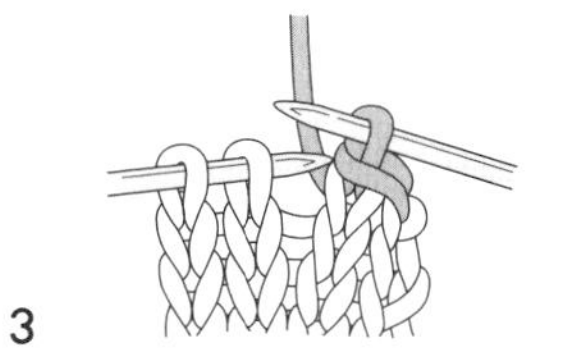

3
덮어씌워 코막음 1코가 완성됐습니다.

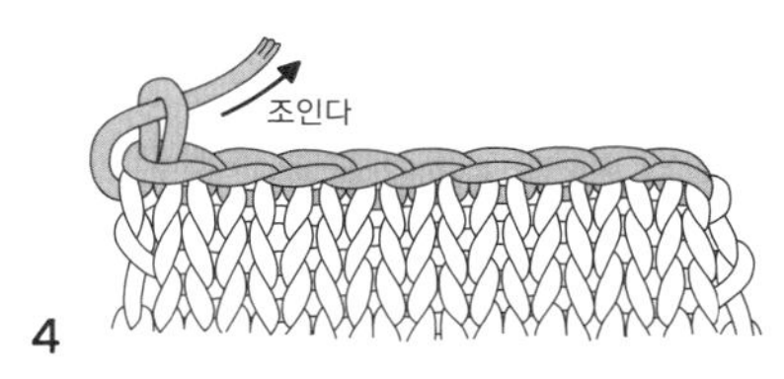

4
이어서 '뜨고 덮어씌우기'를 끝까지 반복합니다. 마지막 코는 실을 통과시켜 조입니다.

● **겉뜨기는 겉뜨기, 안뜨기는 안뜨기로 덮어씌워 코막음**

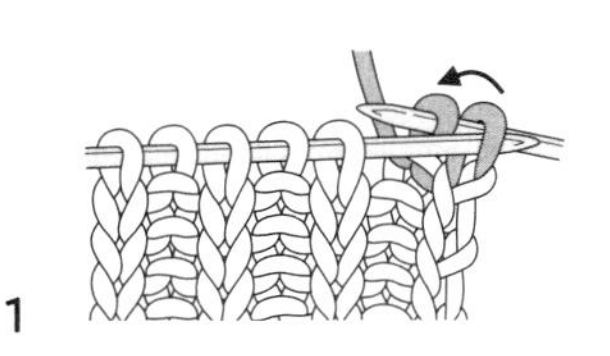

1
끝부분의 코는 겉뜨기, 그다음 코는 안뜨기를 해서, 끝의 코를 두 번째 코에 덮어씌웁니다.

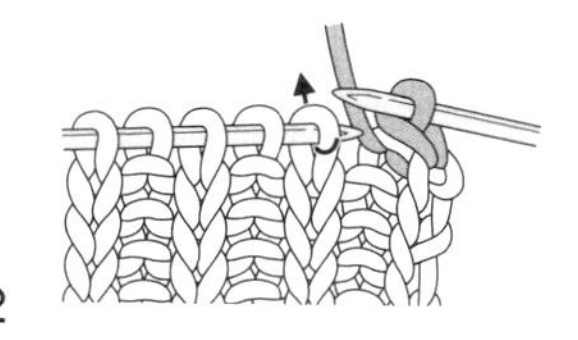

2
다음 코는 겉뜨기를 합니다.

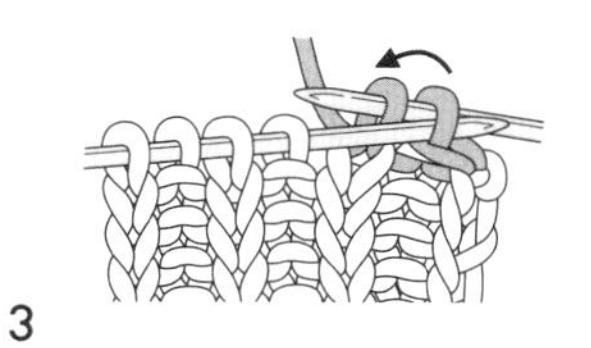

3
오른쪽 코를 덮어씌웁니다. '안뜨기는 안뜨기, 겉뜨기는 겉뜨기로 덮어씌우기'를 반복합니다.

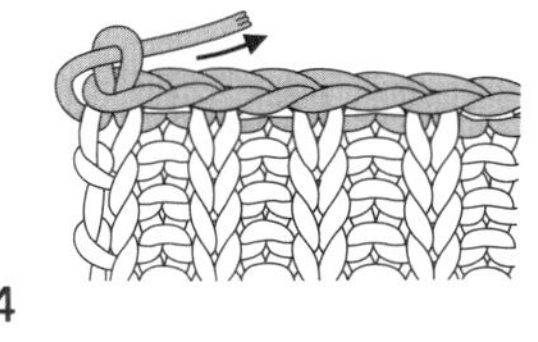

4
마지막 코는 실을 통과시켜 조입니다.

1코 고무뜨기 코막음

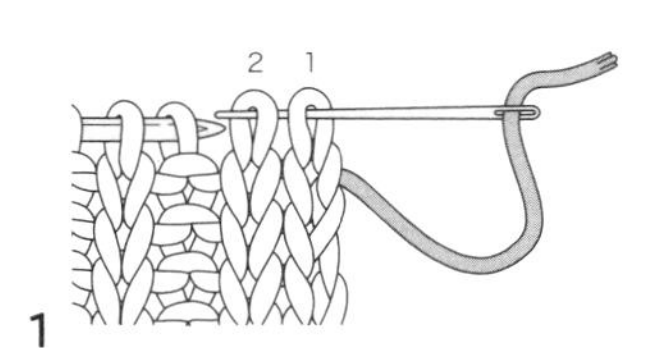

1

1의 코에 앞쪽에서 돗바늘을 넣고, 2의 코의 앞쪽으로 뺍니다.

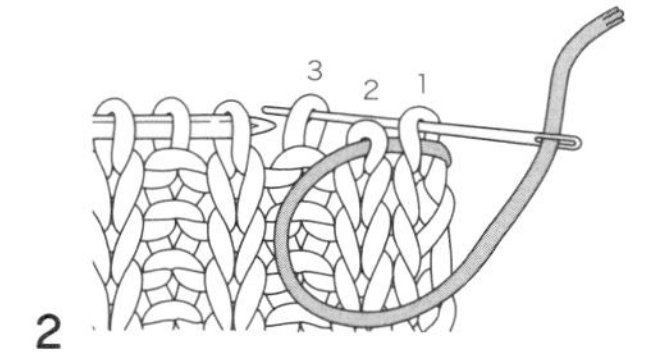

2

1의 코 앞쪽에서 돗바늘을 넣고, 3의 코 뒤쪽으로 뺍니다.

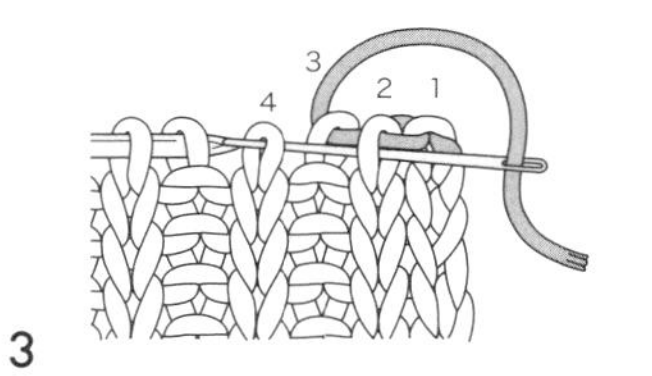

3

2의 코 앞쪽에서 돗바늘을 넣고, 4의 코 앞쪽으로 뺍니다 (겉뜨기와 겉뜨기).

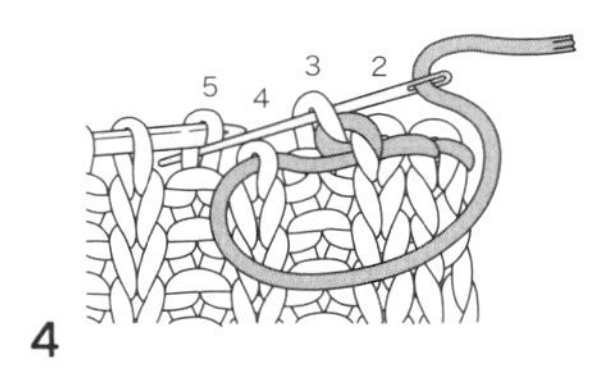

4

3의 코 뒤쪽에서 돗바늘을 넣고, 5의 코 뒤쪽으로 뺍니다 (안뜨기와 안뜨기).

● 오른쪽 끝이 겉뜨기 2코, 왼쪽 끝이 겉뜨기 1코일 때

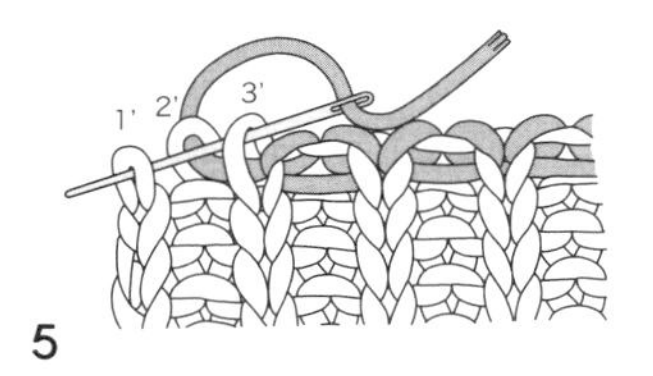

5

왼쪽 끝까지 **3**과 **4**를 반복합니다.

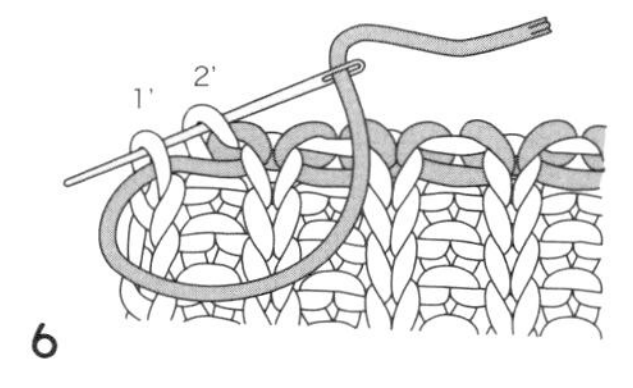

6

마지막에는 2'의 코 뒤쪽에서 돗바늘을 넣어, 1'의 코 앞쪽으로 빼냅니다.

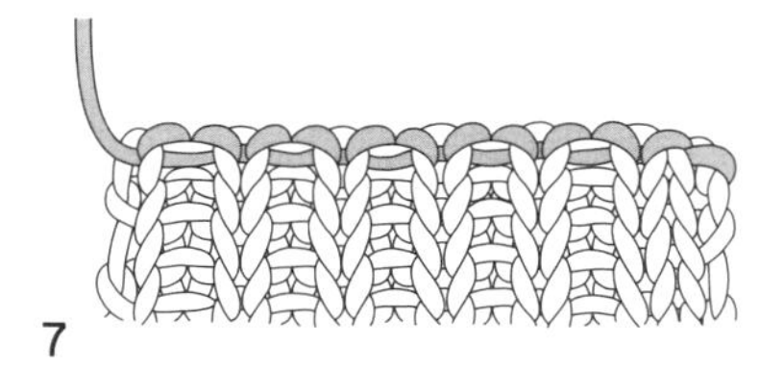

7

완성입니다.

● 양쪽 모두 겉뜨기 2코일 때

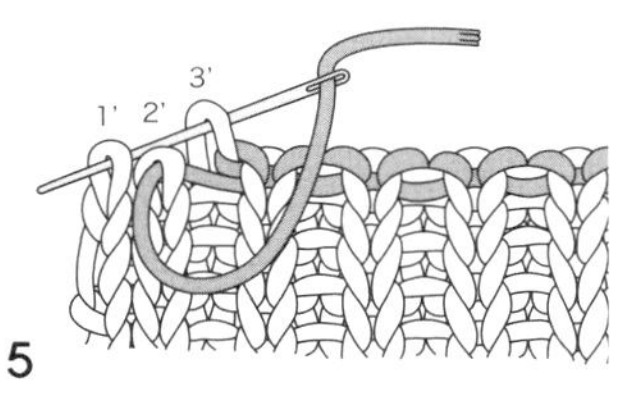

5

(**1**~**4**까지는 위의 그림 참조) 3'의 코 뒤쪽에서 돗바늘을 넣고, 1'의 코 앞쪽으로 뺍니다.

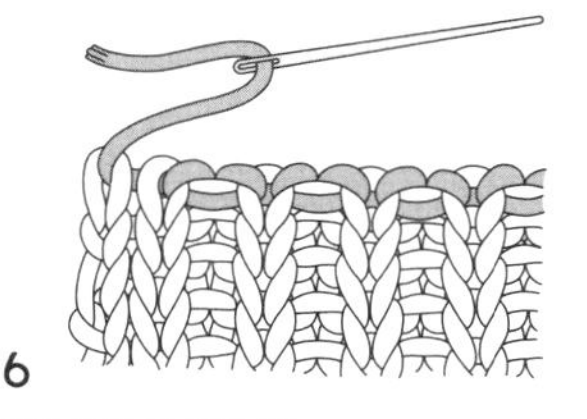

6

실을 빼낸 모습입니다.

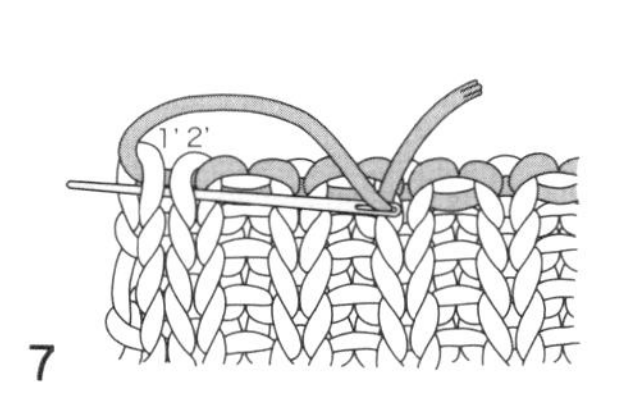

7

2'의 코 앞쪽에서 돗바늘을 넣고, 1'의 앞쪽으로 뺍니다 (겉뜨기와 겉뜨기).

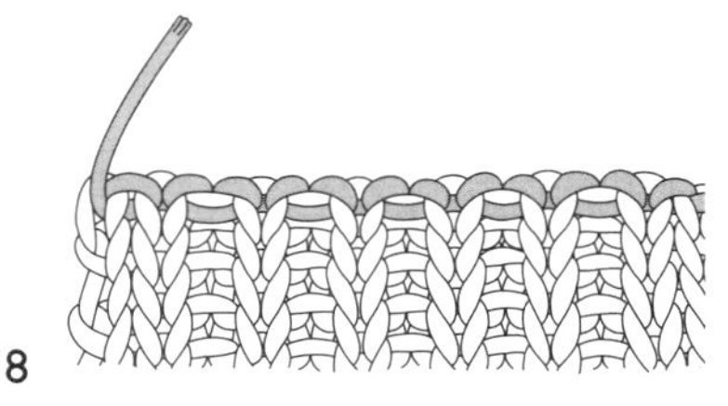

8

완성입니다.

● 원형뜨기일 때

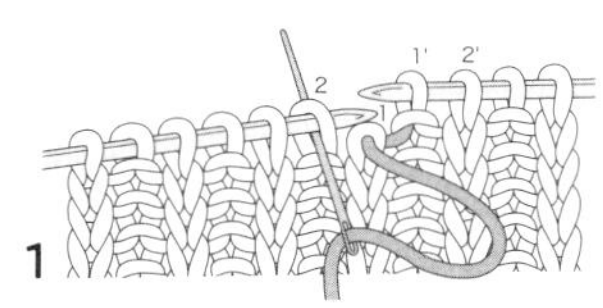

1

1의 코(첫 코)의 뒤쪽에서 돗바늘을 넣고, 2의 코 뒤쪽으로 뺍니다.

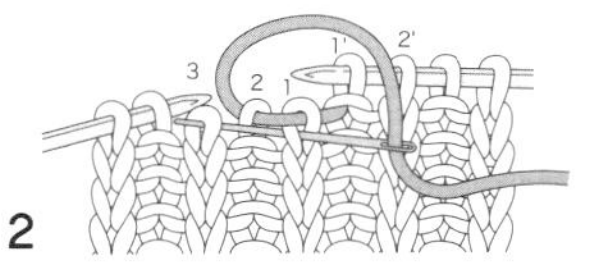

2

1의 코 앞쪽에서 돗바늘을 넣고, 3의 코 앞쪽으로 뺍니다.

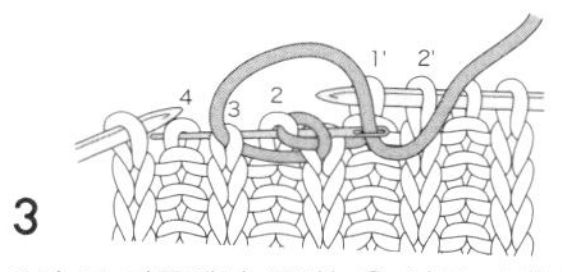

3

2의 코 뒤쪽에서 돗바늘을 넣고, 4의 코 뒤쪽으로 뺍니다 (안뜨기와 안뜨기).

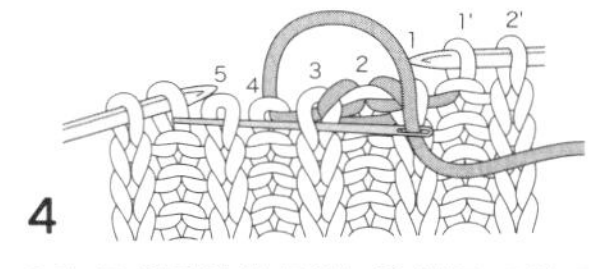

4

3의 코 앞쪽에서 돗바늘을 넣고, 5의 코 앞쪽으로 뺍니다 (겉뜨기와 겉뜨기). 4와 5를 반복합니다.

뜨개 끝부분

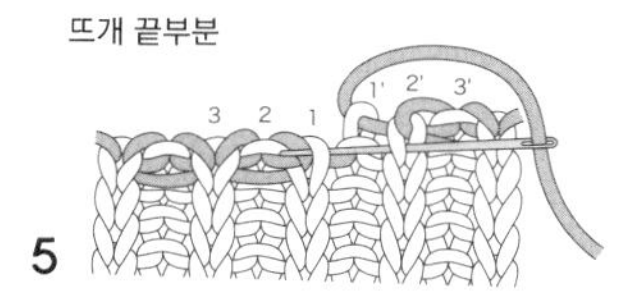

5

2'의 코 앞쪽에서 돗바늘을 넣고, 1의 코(맨 처음의 겉뜨기 코)의 앞쪽으로 뺍니다 (겉뜨기와 겉뜨기).

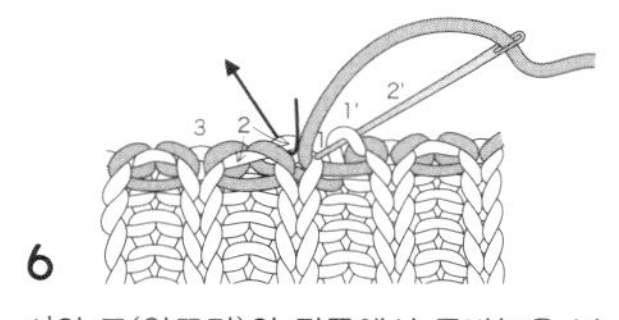

6

1'의 코(안뜨기)의 뒤쪽에서 돗바늘을 넣고, 2의 코(맨 처음의 안뜨기 코)의 뒤쪽으로 뺍니다.

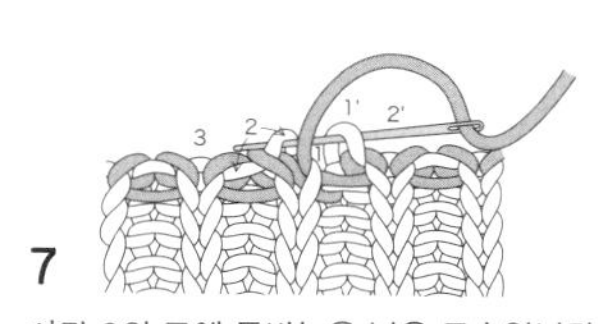

7

1'과 2의 코에 돗바늘을 넣은 모습입니다. 1, 2에는 돗바늘을 3회 넣습니다.

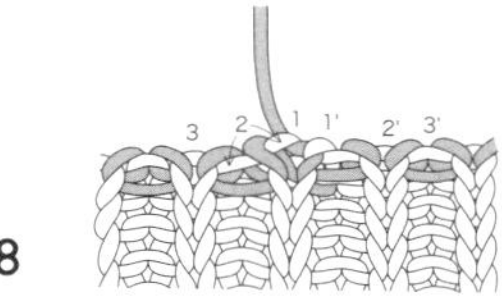

8

실을 당겨서 완성합니다.

〈잇기 • 꿰매기〉

빼뜨기로 잇기

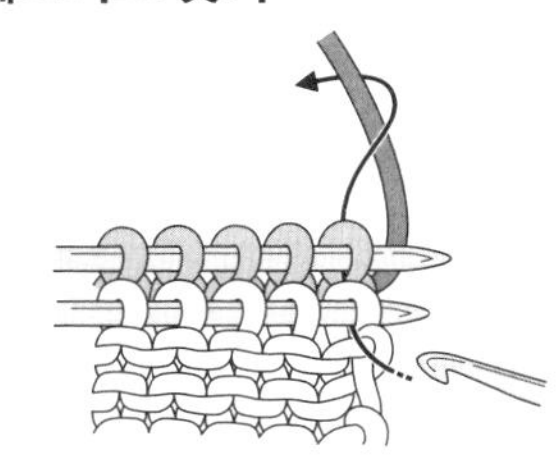

1

두 장의 뜨개 바탕을 겉이 맞닿게 겹쳐두고, 앞쪽의 코와 뒤쪽 코에 코바늘을 넣습니다.

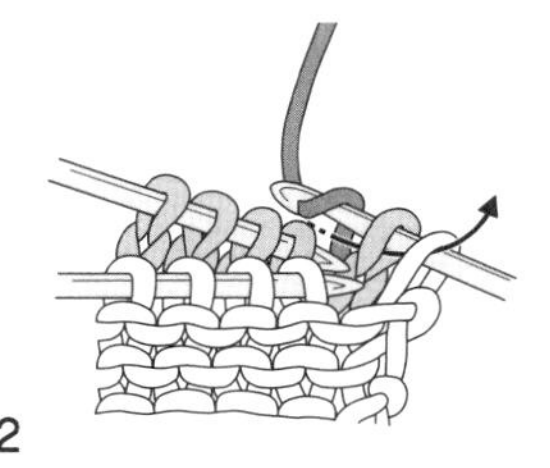

2

바늘에 실을 걸고, 2코를 한 번에 빼냅니다.

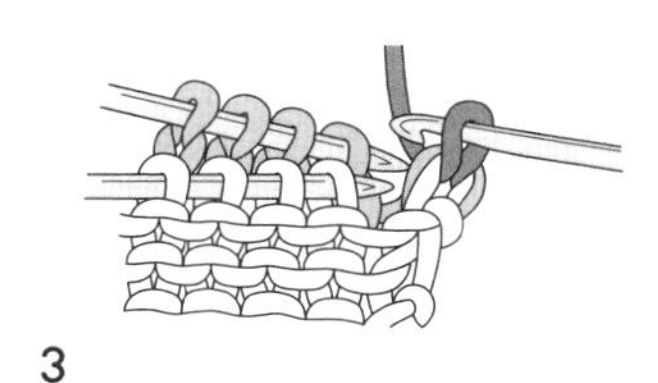

3

빼뜨기를 한 모습입니다.

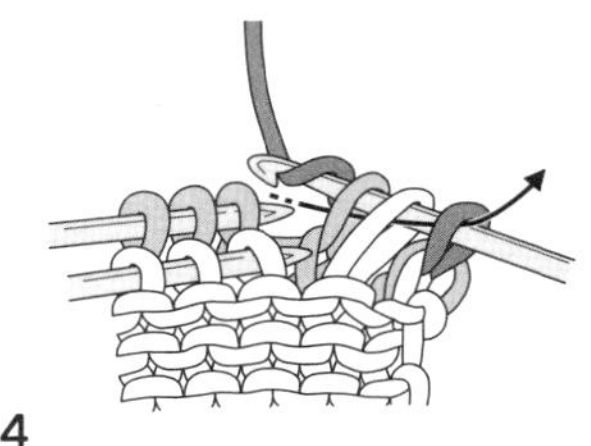

4

다음 코도 앞쪽 코와 뒤쪽 코에 바늘을 넣어, 바늘에 걸린 3개의 고리를 한 번에 뺍니다. **4**를 반복하여 마지막은 1코를 빼뜨기합니다.

덮어씌워 잇기

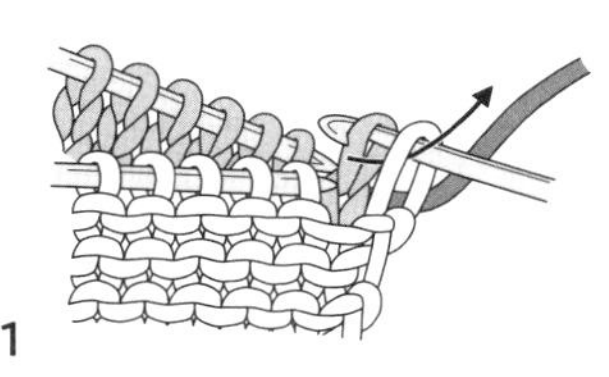

1

두 장의 뜨개 바탕을 겉이 맞닿게 겹쳐두고, 앞쪽의 코에 코바늘을 넣어 뒤쪽 코를 빼냅니다.

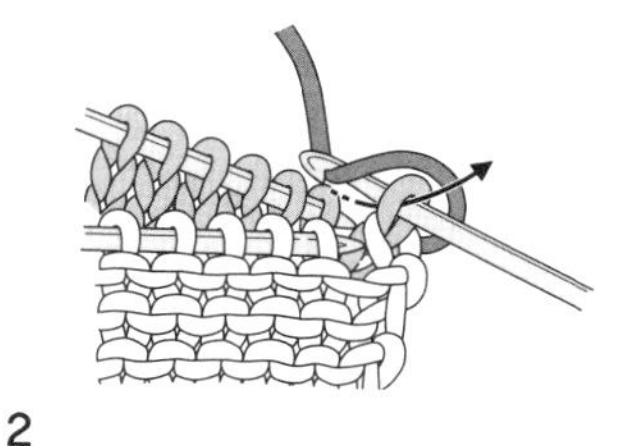

2

바늘에 실을 걸고 뺍니다.

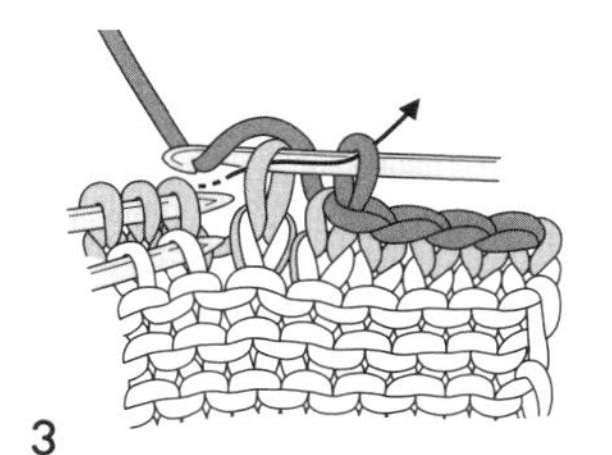

3

1과 **2**를 반복합니다.

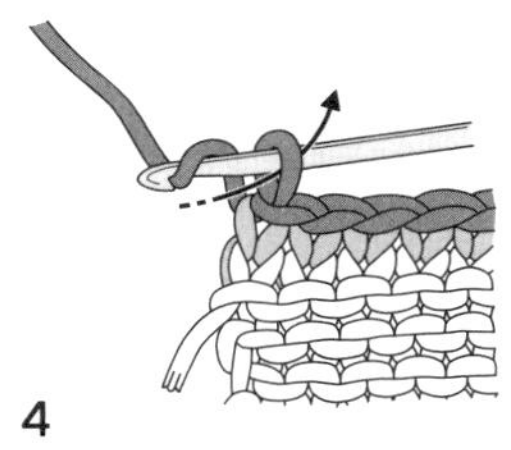

4

마지막으로 남은 코에서 실을 통과시켜 뺍니다.

메리야스 잇기

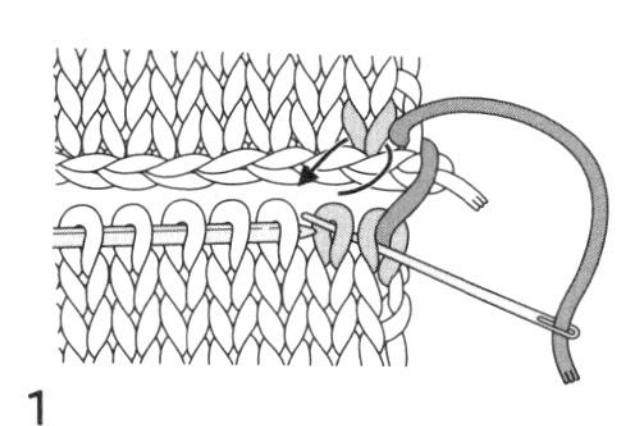

1

코로 남아 있는 쪽의 끝 코에 뒤쪽에서 돗바늘을 넣고, 덮어씌워 코막음한 쪽의 끝 반코를 뜹니다. 코로 남아 있는 쪽의 2코와 코막음한 쪽의 코에 그림과 같이 돗바늘을 넣습니다.

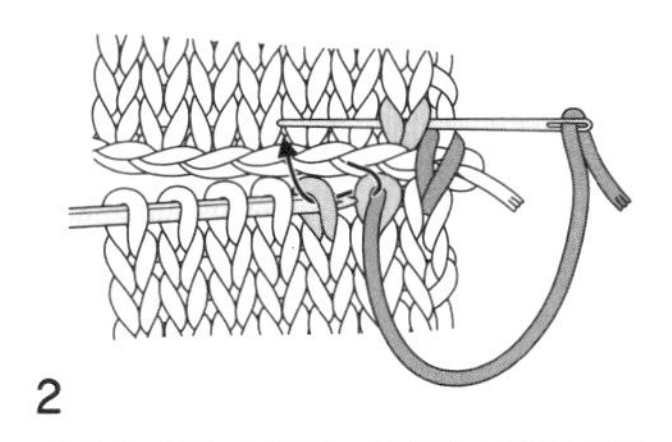

2

이어서, 화살표 방향으로 돗바늘을 넣습니다.

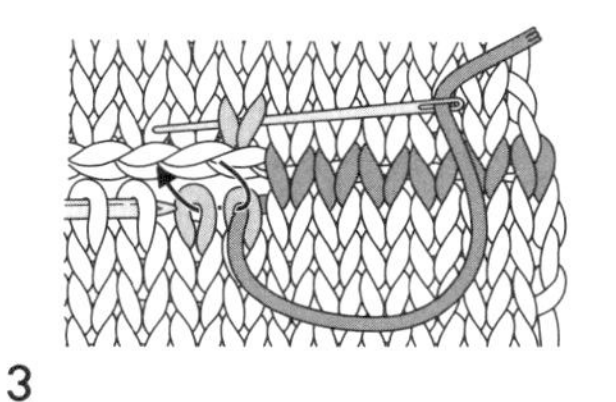

3

'코로 남아 있는 쪽은 앞에서 넣어 앞으로 빼고, 코막음한 쪽은 V자 모양으로 2가닥 뜨기'를 반복합니다.

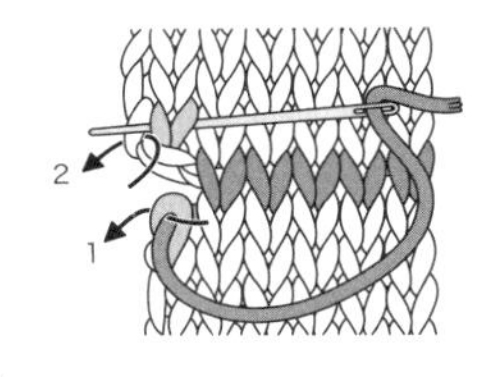

4

마지막에는 화살표 방향으로 앞쪽 코에 돗바늘을 넣어, 코막음을 한 반코 바깥쪽으로 돗바늘을 넣어 마무리짓습니다.

● 양쪽 모두 코막음일 때

실 끝이 없는 앞쪽 뜨개 바탕의 끝 코에서 뒤쪽 뜨개 바탕의 끝 코의 순서로, 뒤에서 돗바늘을 넣습니다. 화살표 방향으로 앞쪽 뜨개 바탕의 코에 돗바늘을 넣어, 그림처럼 잇습니다.

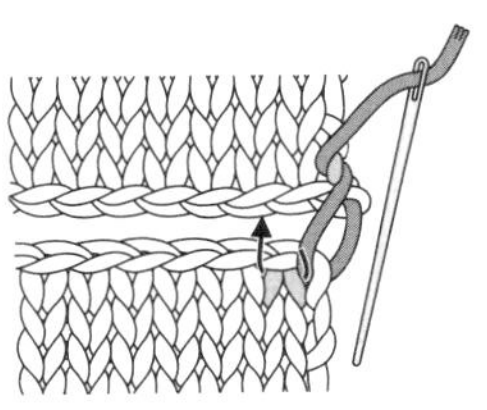

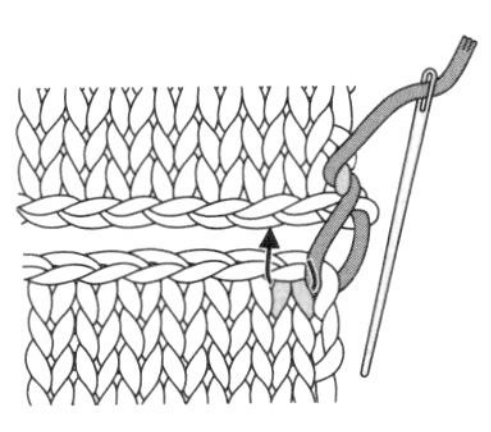

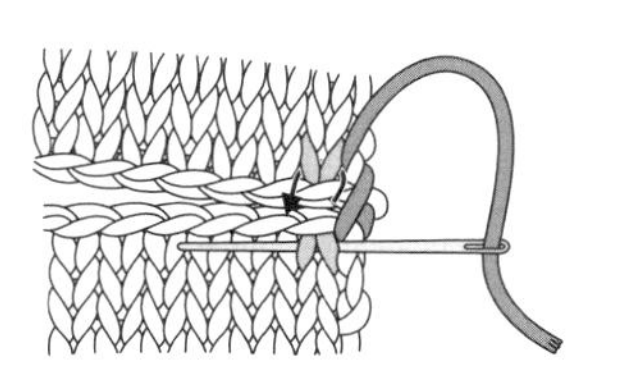

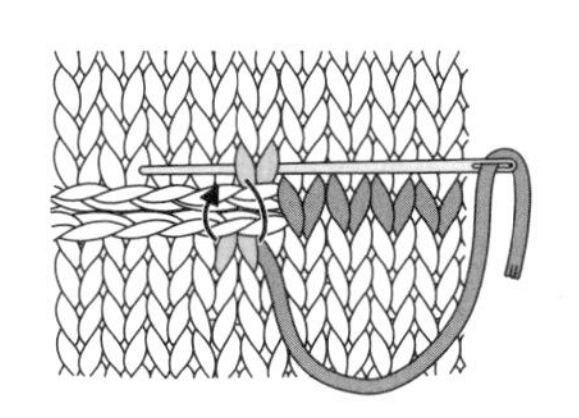

코와 단 잇기

한쪽이 코, 한쪽이 단일 때 잇는 방법입니다. 단 쪽은 1단을 뜨고, 코 쪽은 2코에 돗바늘을 넣습니다. 단 쪽이 많다면, 2단을 떠서 조정합니다. 잇기를 할 때 쓴 연결 실은 보이지 않을 때까지 잡아당깁니다.

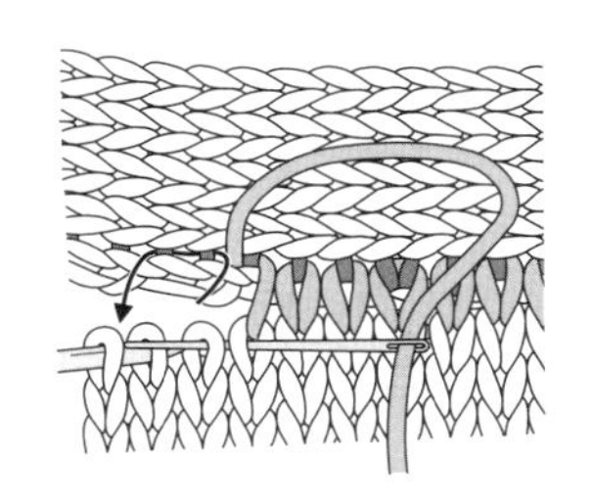

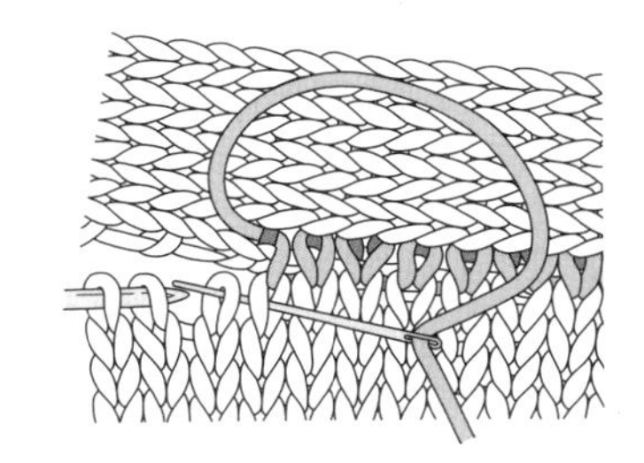

돗바늘로 꿰매기

● 직선 부분

돗바늘로 앞쪽과 뒤쪽의 시작코를 뜹니다. 이어서 끝의 1코 안쪽의 싱커 루프를 1단씩 번갈아 떠서 실을 당깁니다. 잇기를 할 때 쓴 연결 실은 보이지 않을 때까지 잡아당깁니다.

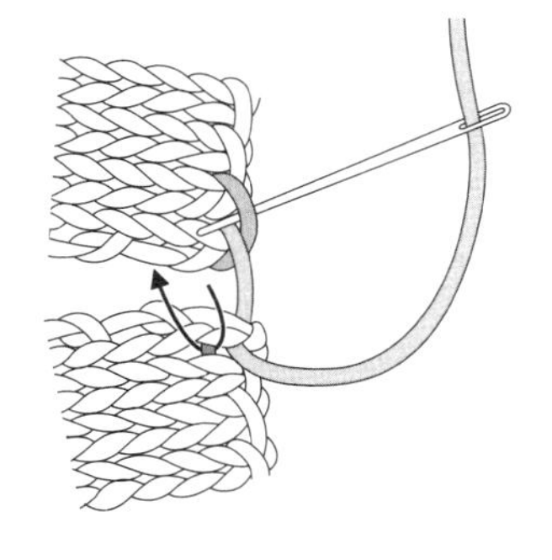
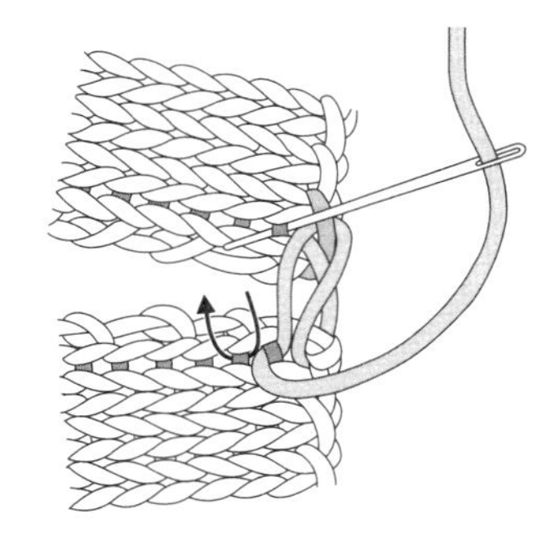
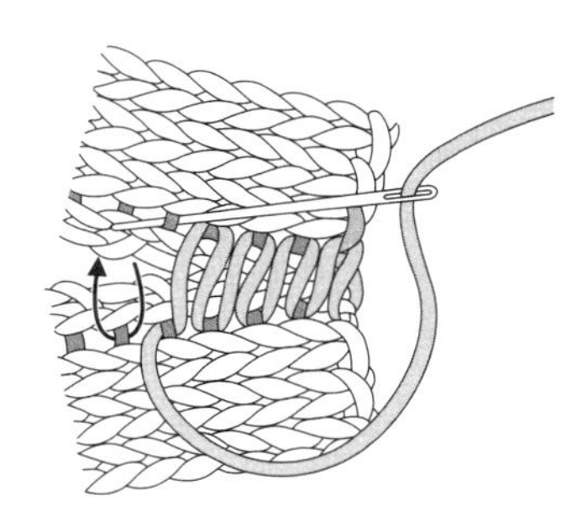

● 늘림코 부분

늘림코의 교차 부분 아래에서 돗바늘을 넣고, 반대쪽 늘림코(돌려뜨기코)의 교차 부분 아래에서 돗바늘을 넣습니다. 늘림코의 교차 부분에 다시 한번 바늘을 넣고, 다음 단의 끝 1코 안쪽의 싱커 루프를 같이 뜹니다.

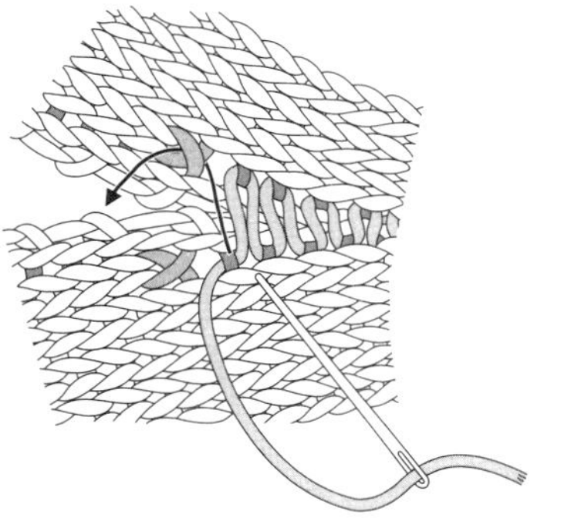
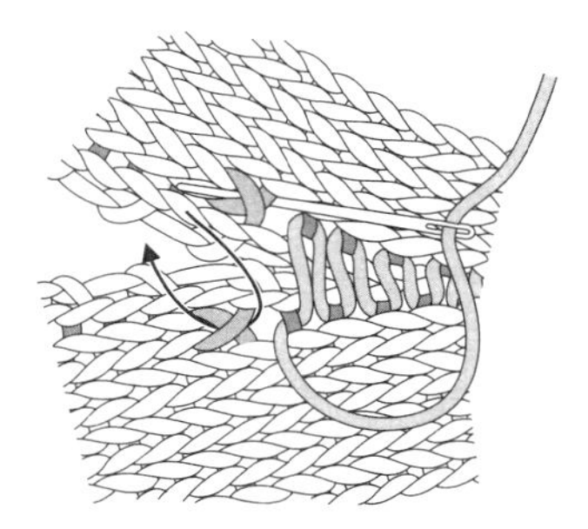
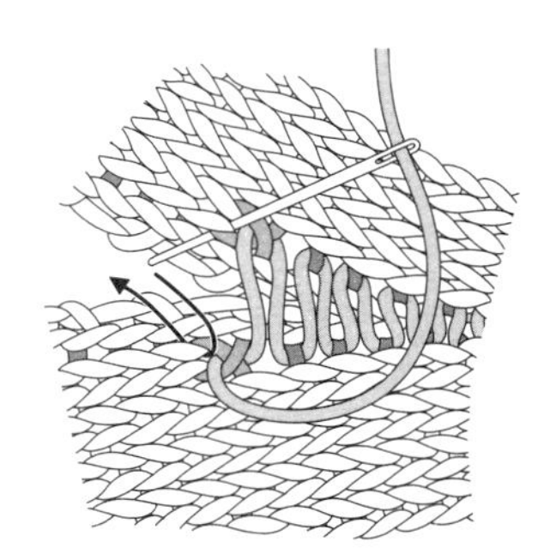

● 줄임코 부분

줄임코 부분은 끝 1코 안쪽의 싱커 루프와 줄임코를 해서 겹쳐진 아래쪽 코의 중심에 돗바늘을 끼워 넣습니다. 다음으로 줄임코 부분과 다음 단의 끝 1코 안쪽의 싱커 루프를 같이 뜹니다.

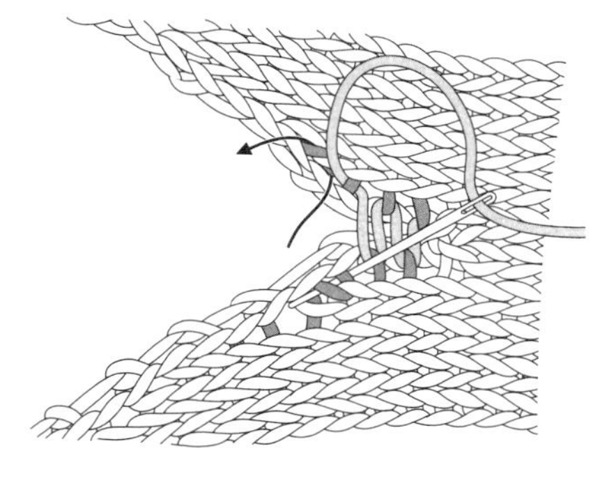
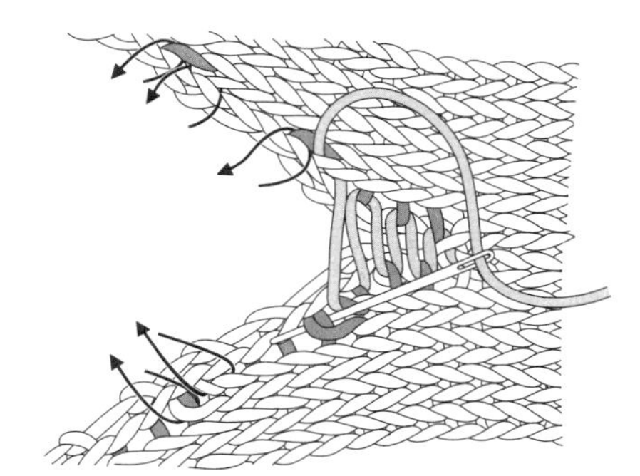

빼뜨기로 꿰매기

● 단 꿰매기

뜨개 바탕을 겉이 맞닿게 대고, 코바늘로 빼뜨기를 하면서 꿰맵니다.

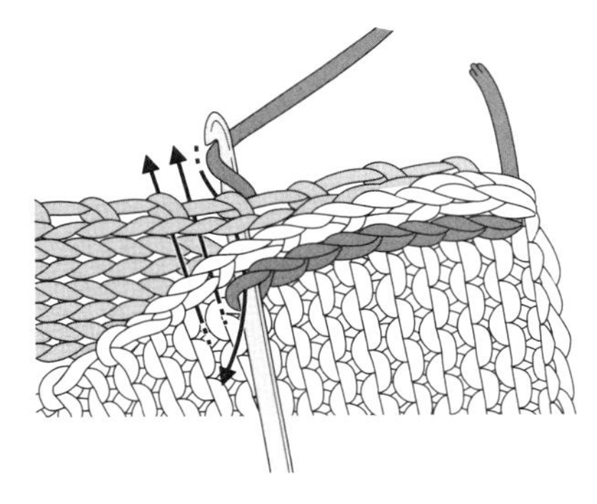

● 곡선 꿰매기

뜨개 바탕을 겉이 맞닿게 대고, 시침핀으로 군데군데를 고정한 다음, 코바늘로 빼뜨기를 하며 꿰맵니다.

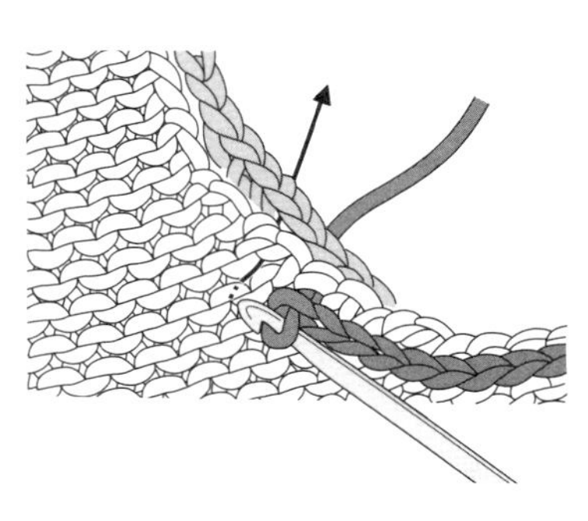

옮긴이 김진아

서울 여자 대학교에서 경영학과 영어영문학을 전공했다. 출판사에서 편집자로 근무했으며, 현재 일본어 전문 번역가이자 프리랜서 편집자로 활동 중이다. 저서로는 〈스크린 일본어 회화 : 어그레시브 레츠코〉 표현 해설, 옮긴 도서로는 〈사이토 히토리의 1퍼센트 부자의 법칙〉 〈철학자들의 토론회〉 〈착한 아이가 자라 서툰 어른이 되었습니다〉 〈생물은 왜 죽는가〉 〈한밤의 미스터리 키친〉 〈코로나와 잠수복〉 〈가모가와 식당〉 〈BEATLESS〉 〈터부〉 등이 있다.

M · L · XL 사이즈로 뜨는
남자 니트 셀렉션

초판 1쇄 발행 | 2025년 5월 23일
지은이 | 일본보그사
옮긴이 | 김진아
펴낸곳 | 윌스타일
펴낸이 | 김화수
출판등록 | 제2019-000052호
전화 | 02-725-9597
팩스 | 02-725-0312
이메일 | willcompanybook@naver.com
ISBN | 979-11-85676-81-4 13590

* 잘못 만들어지거나 파손된 책은 구입하신 곳에서 바꿔드립니다.